光 明 城

LUMINOCITY

同济八骏
中生代的建筑实践

ARCHITECTURAL PRACTICE
OF MIDDLE-AGED
GENERATION FROM TONGJI

同济大学建筑与城市规划学院　编著
College of Architecture and Urban Planning, Tongji University

同济大学出版社
TONGJI UNIVERSITY PRESS

同济一园，向来有学术民主的传统；当年的文远楼方案出自青年之手，已开风气之先。进入新世纪，建筑与城市规划学院的教学、研究、国际交流和设计实践发展更加蓬勃，新一代优秀的青年专职／兼职教师迅速成长；其中有一群脱颖而出的优秀建筑师，尤其令人欣喜。他们随着社会的发展而进击，坚持设计探索和创新实践，青出于蓝，不同凡响。2014 年春，学院要加强对中青年人才的扶持，于是"同济建筑八骏"的名称得以正式登台亮相。

"八骏"之名，来自于古代"八骏图"的美好传说。"骏"是最好的马，也与"俊"通，是"美"的同义词。当时我们提出遴选的条件有三：其一，有在同济学习或研究的经历，是学院的专职、兼职建筑设计教师，受学生欢迎；第二，是知名的建筑师，设计水平受到专业界的认可，作品在重要期刊发表，个人得到奖励；第三，年龄在 40 岁到 50 岁之间，属于承上启下的中生代。当时也不是没有犹豫的理由，有人感到，这样会不会显得太突出个人；也有人觉得，对年长于他们的那代人似乎不够公允；还有人认为，遴选的标准还可以讨论。但是，我们的学院就是这样一个包容的学院，同事们表现出足够的气度，大家很快就接受了这样一个不寻常的名称。

来自学院的全职教师章明（合作者张姿）、王方戟、童明、李麟学、袁烽、李立，来自同济设计院的硕士生导师任力之、张斌（合作者周蔚）、曾群，以及建筑系兼职教师柳亦春（合作者陈屹峰）、庄慎，共 11 组 14 人成为"同济建筑八骏"的成员。记得在 2014 年 5 月 20 日同济大学校庆之日，"同济建筑八骏——中生代建筑师报告会"在钟庭报告厅正式举行。内场外场，人头攒动，听众热情经久不衰，与普利茨克奖获奖者们的报告会待遇相当。在开幕致辞中，我解释了为什么"八骏"不是八个人的原因：八是吉数，八也可以是虚数，表示一个群落（比如"扬州八怪"）；八也是动态的，不是终身制，先入者有压力，后来者有希望，相信诸君当一直努力。到今天，三年过去了。八骏的成员都保持着良好的状态，暂时没有新人加入；八骏的成果，却增添了新的光彩。

在我的心目中，如果用两三行字来描述，他们是这样的（按出生年份排序）：

任力之（1966），是积极而温和的；在大院主流建筑师和实验建筑师之间，保持着难得的平衡，也是走进非洲和欧洲的践行者。

序言
PREFACE
李振宇
LI Zhenyu

八骏之骏

章明（1968）/ **张姿**（1969），是热情而精致的；他们保持着好看的样子，讨论着诗意，享受着设计工作和设计合作的乐趣，改造旧的，建造新的，拿了一众奖项。

王方戟（1968），是克制而深沉的；作品不算多，设计和为人似乎从来不喜形于色，但却悄悄地锻造自己的句式；我相信他会有"两句三年得，一吟双泪流"的时候。

童明（1968），是儒雅而隐逸的；他家学渊源，用笔素净，似乎在寻找传统园林与当代建筑之间的暗号，又能在规划和建筑之间游走。

曾群（1968），是开朗和自如的；他举重若轻，从不惧怕大项目，也能善待小项目；气定神闲指挥着百余人的大团队，却能轻松地找到创作的出口。

张斌（1968）/ **周蔚**（1972），是聪颖而敏锐的；他们少年英俊，身手矫健；C 楼设计一战成名，开启了墙内墙外都开花的独特经历，写下了自己和同济的一段段故事。

柳亦春（1969）/ **陈屹峰**（1972），是合群而自信的；他们胸怀理想，在沉吟中坚持，等待着一骑绝尘的时光；龙美术馆不是从天上掉下来的，而是等了一个十年又一个十年攒出来的。

李麟学（1970），是开放而求变的；他充满力量，柔中带刚，敢于自省，在一条大道奔跑正欢的时候，忽然风格转变，注入新的理性。

袁烽（1971），是先锋而高技的；十年之间，他用过人的精力、过人的眼光和过人的勤奋，练就十八般武艺，打开了理性和感性之间的通路。

庄慎（1971），是纯净和文雅的；他恪守着自己的信条，单纯质朴，坚韧含蓄，用细腻的笔触，描绘可达或不可达的彼岸。

李立（1973），是勤奋而独立的；他有扎实的传承，有个人的心得，对事对人都不肯敷衍，仿佛靠一己之力，就可以走向独行侠的光明顶。

看到这样一个群体，你就会发现，这是中国现代建筑教育的巨大成就。他们 14 个人，拿了 14 个学士学位（同济大学 10 个，东南大学 2 个，重庆大学 1 个，湖南大学 1 个），13 个硕士学位（同济 11 个，东南 2 个），6 个博士学位（同济大学 5 个，东南大学 1 个）；这 33 个学位清一色都是中国的学位，难道不值得我们建筑教育界高兴吗？他们聚集在同济和同济不远的地方，反哺建筑教学，是命运使然，也绝非偶然。

他们把握了时代发展的脉动，没有墨守成规，没有依赖自己以前最熟悉的能力，而是对自己进行了显著的变革，不论专注于建构、材料，还是数字、气候，抑或空间、形式，甚至城市、乡愁。总之他们已经从上一辈的"现代性"大步走进了"当代性"。

他们都有开阔的视野，在从事设计和教学工作之后，他们中的好几位曾得益于学校对青年教师的培养，有过一年左右的海外进修经历（法国 4 人次，美国 3 人次，西班牙 1 人次）。他们也以不同的方式进行过长短不同的海外研修。他们有足够的能力消化这样的养分，把世界建筑的发展趋势和在地的文化内涵相融合，并以自己的方式表达呈现。

十年前，郑时龄院士提出了中国建筑的"同济学派"，今天学院编辑出版《同济八骏——中生代的建筑实践》，也是对"同济学派"的一条新的注解。感谢郑老师这次专门为本书作前言，"八骏"中有不少人直接受过他的教益；感谢 14 位建筑师，给了我们这样一个美好的理由，向校庆献礼；感谢同济大学建筑设计研究院，长年与学院紧密合作，为他们的设计实践提供了各种方式的支持；还要感谢本书主编李翔宁教授：作为优秀的中青年建筑评论家，他是八骏之外又一骏。

2014 年是马年，新春时节我写了一首贺岁诗，仿佛是对"同济八骏"的提前祝贺。

天边龙与凤，地上骏骧骢；白驹处处急，黑马声声动。
万家迎新岁，君到必成功；何须踏飞燕，一骑笑春风。

李振宇
同济大学建筑与城市规划学院院长、教授
2017 年 4 月 27 日，于济沪高铁上

定义中生代建筑师是十分困难的一件事情，需要在同济学派的传承中追根溯源，因此有必要交代清楚其脉络。中生代这个词来源于地质学和生物学的概念，它既区别于古生代，又区别于新生代。同济八骏所归属的中生代建筑师，是由同济学派的渊源来定义的。同济学派的第一代建筑师，也就是相对于中生代的古生代，是中国近代第一和第二代建筑师，他们既是建筑系的教授，也是建筑师，是中生代的祖师辈，我们可以把这一代建筑师定义为原生代。原生代受过良好的建筑教育，家学渊源，学贯中西，挥洒自如地展示着他们的文化底蕴和艺术素养。他们的教育背景、教学理念、建筑思想、创作风格、人格和个性构成了百家争鸣、学术繁荣的同济学派。原生代兼建筑教育家、建筑理论家和建筑师于一身，他们始终在建筑理论、建筑教育和建筑实践方面坚持不懈地探索中国新建筑的方向，注重跨学科和多学科的发展，执着地坚持现代建筑的理性精神和建筑教育思想，创导缜思的学风，提倡博采众长、兼收并蓄的学术精神。这一代大师们培养了同济学派的第二代建筑师，也就是通常所说的"30后""40后"和"50后"建筑师，这个第二代也可以称之为衍生代建筑师。正是同济学派的衍生代建筑师，培养了今天称之为同济学派的中生代建筑师，也就是通常所说的"60后"和"70后"建筑师。

本书所列的中生代建筑师大体上属于改革开放以来同济大学培养的第二代建筑师。书中收集了 11 组共 14 位中生代建筑师的作品，对每组建筑师选择其最有代表性的三件作品，同时介绍他们的设计理念，可以说代表了同济学派的最新动向。这些中生代建筑师受过良好而又严谨的专业教育，大部分人都拥有海外学习和工作的经历，但也一直保持着与建筑教学和理论探求的密切结合。他们站在同济学派原生代和衍生代建筑师的肩膀上，经过长期的锤炼和积累，创造了辉煌的业绩。今天的中生代建筑师已经是相当成熟、相当有造诣、有担当的一代建筑师。和他们的老师辈一样，中生代建筑师既从事建筑教学和建筑理论探索，也深度参与建筑设计实践，比他们的老师辈有着更多的建筑实践成果，所从事的领域也更为广泛。这种多元结合使他们的作品在中国独树一帜，具有鲜明的实验性和先锋性。他们的身影也经常活跃在国际学术合作交流的舞台上，与国际建筑界和学术界的同行进行广泛的合作与交流，因而他们既具有广阔的国际视野，又立足于当下和当地。他们的作品遍布中国大地。他们从事的建筑类型涉及公共建筑、文化建筑、科研中心、教育建筑、商业建筑、博览建筑以及室内设计、历史建筑保护与修缮等。作为中生代建筑师，他们中的许多人也是建筑系的教授，具有良好的教

前言
INTRODUCTION
郑时龄
ZHENG Shiling

设计未来
同济八骏的
建筑实践

养，风度翩翩，是学生们的偶像。他们中的许多人不仅从事建筑设计，也从事艺术设计，从事写作，从事策展，活跃在文化界和艺术界的活动中，经常出现在电视荧屏上，他们不仅引领风尚，也推动着社会对艺术和建筑的鉴赏力。

他们的作品代表了这个时代的精华。对于中国当代建筑而言，自20世纪90年代以来的这个时代是一个最好的时代，是建筑创作最为繁荣的年代，也是一个最好的与最坏的建筑和建筑现象共生的时代；既是一个多元建筑的时代，一个实验建筑的时代，也是一个建筑商业化的时代。中国建筑师获得了千载难逢的设计机遇，中生代建筑师得到了培养和锻炼的机会，得以在全新的环境中施展他们的才华。他们也具有清醒的目光和哲学思考，不愿碌碌无为，也不随波逐流，创造了一批优秀的建筑。中生代建筑师的作品已经在国际建筑展上向世界展示，在2013年米兰三年展的展示就曾得到广泛的赞扬。

长期以来，中西文化的交织与融合已经成为中国城市空间和建筑的重要特征，寻求中国建筑文化的固有特性一直是中国建筑的重要倾向。同济学派对传统精神与理性的探求自20世纪50年代以来从未停止过，一直在寻求现代化的中国建筑之路。中生代建筑师接过原生代和衍生代建筑师的薪传，从事了一种将社会性、艺术性、技术性、逻辑性和创造性综合在一起，既是理性又是感性，既是智性又是一种实践的活动，从现实世界迈向未来。

这里收集的33件作品也体现出中生代建筑师们与社会融合、为社会发展服务、努力创造新的城市生活方式的特点。他们关注文化，关注生态，关注城市，关注历史。这里没有宏大叙事、宏大手笔，不哗众取宠，不自娱自乐，而是崇尚真诚，在简约中见真实。他们在社会的需求、建筑师的专业水准和建筑环境之间，实现了完美的统一。

中国科学院院士、法国建筑科学院院士
同济大学建筑与城市规划学院教授、博导
2017 年 4 月 16 日

目录 CONTENTS

地域影响
GEOGRAPHICAL
INFLUENCE

同济中生代建筑
师在各地的实践
数量

○ 20个以上

○ 11—20个

● 3—10个

○ 1—2个

出版物
PUBLICATIONS

关键词
KEYWORDS

应对中国建筑

热力学

上海制造　　西岸艺术示范区

城市更

非识别体系　　概念与形式

"八国联军"的同济建筑系　　上海城市研究

设计的语言化　　数字化建造

关系的散文　　建筑学的本体

冗余的有效性

场地线索

通识类人文教育

同济模式

城中村转变方式

本科与研究生教育分层

城市微更新

的减速

超大型项目

教学与实践

打破自治

和而不同

设计的感知驱动

当代建筑

基于实验的建筑

结构的重要性

新技术

小菜场上的家

写作与设计

建筑教育模式

设计应对雾霾

设计超市

以实践为底反推理论

平台优势

扩展社会议题

网格化的知识与体系个人经验体系的交互

事件型设计

李翔宁◎诸位都跟同济有千丝万缕的联系，有些是同济毕业，有些还在同济从事教学工作，有些的设计工作也和同济有一定关系。希望各位能够从这样的角度谈谈自己对当代建筑相关问题的理解。题目比较大，诸位可以先讲一讲对目前建筑现状的认识。

张斌◎我们谈当代建筑学的状况，不外乎两方面：一方面是新技术所提供的可能性，这部分袁烽老师可能会讲得更多一点；另一方面是技术和社会结合的可能性。目前我个人比较感兴趣第二点，包括对于城市的兴趣，希望自己能从这个方面把实践和研究相结合。所以这两年我们一直依托研究生和自己工作的结合来做关于上海的城市研究，希望这个工作会慢慢和自己的实践有更直接的关系。刚开始做研究并不是着眼于一定要和实践挂钩，但其中的收获必然会和自己的设计实践发生关联，此种关联也会慢慢变成自己下一步实践的重点。

袁烽◎无论从全球视角还是历史视角来看，我们这一代中国建筑师都处在一个非常幸福的时代。可能我们身在其中没有觉察，但相比国外的同龄建筑师，毋庸置疑，我们有更多的实践机会。从狭义角度来说，建筑师还是非常需要在实践中将理论和真实建造交互起来，去深入尝试并体验。经历这个必不可少的过程，才能领悟建筑空间的本质，以及建筑存在的意义。换句话说，确实要通过试错才能提高能力，这也是建筑师这个职业一般大器晚成的原因。可以说，这几年我个人的实践也是在不断的试错中进行的，比如如何面对业主？如何面对自己的内心？如何面对个人的职业？

这些年还是找到了适合自身生长的状态，无论对社会还是建筑，都希望从更"本体"的角度去应对、交流并体验。所谓的本体性是什么？我个人更倾向于运用新的建造技术从不同的工艺角度去解决问题。同时也希望从技术文化的角度得到反馈与总结。由于一边教学、研究，一边实践，所以，结合自身的情况，我们采用的策略是通过小型项目，用更有研究性以及更有建造可实现性的方法去探索。当然这些探索还处于起步阶段，未来需要更多具体的实验。

当代建筑师的群体力量还是蛮强的，但在中国大时代、大资本、大文化的背景下，一切都像海平面一样被拉平并趋同。这时候有趣的东西就是个体的存在，所以我比较倾向保持内心的审视以及独特的梦想，或者说不能用简单的共识决定未来的发展方向。在很早以前（2009 年）我就

对谈

袁烽 +
张斌 +
柳亦春 +
陈屹峰

将办公室搬到了上海租金最便宜、最偏远、半农村状态的地方。那时候觉得坚持做一件自己决定做的事情，不在于有多好的环境，而在于内心能否坚持去做。所以，近几年我的状态一直处于一个学习积累和试错的过程。

具体地说，我们更愿意从社会系统运作的角度来作批判性思考。不管是回看 50 年，还是回看历史上其他任何一个时代，社会系统协作以及建筑产业的运作方式很大程度上决定了未来建筑的风格与形式。尤其，未来建筑产业化的核心内容应该是新建构方法以及建筑工艺的产业化升级。这几年，我们一直坚持研究数字化的思维以及数字建造的方法。如今，我在想，更本体的东西应该是去研究未来建筑师如何运用工具去实现一个概念。如何创造新的材料性能？如何更有效率地实现建造？如何更好实现建筑的效能？如何更有创造性地去继承并创造建筑文化？我们正在运用新数字工厂的研发，来探索可否做出一些跨学科协作的建筑设计与生产模式，这个过程虽然有一些乌托邦的色彩，但我坚信能在时代的某一个时间点找到一个具体的结合点，实现我的梦想。总的来说，还是一种对于建筑、建造以及文化发展可能性的探索。

李翔宁◎从你的角度来看，技术在当代建筑发展过程中扮演着什么样的角色？未来会有什么样的变化？

袁烽◎从技术的历史来讲，现代主义早期钢和玻璃的出现对建筑形式产生了革命性的影响，从某种程度上讲，新技术的意义一定是在更深度的层面上。这是在美学之外，是在共同认知的合理性的状态之外的。中国传统意义上把工具与工匠放在一个很低的层面上，当然也不会产生米开朗基罗这样的大师。然而放到一个更长的历史视角，无论东方还是西方，工具与方法对一件事情的改变是根本性的。我更倾向于去做一些不被看好的、最慢的、最费力的事情，可能就是因为我认为技术会对未来的社会建造体系、人们思维方式以及工作方式产生重要的影响与革新。当然这个时代还没有来，可能还有一段时间才会来。但我们还是坚信，随着互联网和数字时代的到来，人们之间会交互知识，重新组织营造方法，共同面对新的物质性未来。

我设想以后建筑师和建造之间的关系会变得更加紧密，正如我现在的工作室和机器人数字工厂融为一体，建筑师通过数字化的建造工具的研发来定义未来的设计概念。到 2016 年末，我的工作室已经有 5 台 KUKA

机器人在和建筑师共同工作。我所做的虽然现在看来非常的乌托邦，但我相信未来的建筑设计与建造会像蚂蚁工厂一样存在，以前都是公司做大才能生存，以后未必是大而强，可能是小而更强。小而强是因为一种生产方式正在到来，生产和办公都会在一起，这就是我们现在讲的边际效应递减的新供给思维，供给方式的多样性、全面性和可参与性正在成为未来建筑学的核心议题。建筑学的外延会不会被重新定义？依我个人的理解，应该会有比较革命性的改变，但应该是潜在渐进式的过程。

张斌 ◎ 我在袁烽老师的话题上作一点延伸。不管你是关注从本体往外还是从社会往里，最后都会和技术的发展产生关联。就像我们现在回看包豪斯一样。包豪斯探讨的，就是在 19 世纪之后提供的工业化生产方式技术性支撑的前提下，建筑技术怎么和社会发生关联，技术条件如何变成社会条件。袁烽关注的是技术引领和社会的可能性，我更关心在城市、社会的条件下，人和技术的关系。正好是个反向。我非常认同袁老师讲的，我们这代人肯定能看到整个建筑生产方式的巨大变化。而且我很乐观，因为技术的突破是非常快的。当技术到了新的可能性的时候，它会和整个社会发生什么样的关系？用这样的技术创造的空间条件，和传统工业时期的空间条件有怎样的不同？人是怎样适应的？人如何去获得更自主的方式？这其中都蕴含着对于自主性的探求。我们现在非常感兴趣从社会、城市研究的角度去看这个问题，和袁老师讲的内容结合在一起会让这个话题更完整。

李翔宁 ◎ 讨论到建筑师和技术的关系，我认为有两个层面：第一个层面是建筑师观察技术如何影响人们生活方式的变化，同时通过作品来反映这样的变化；第二个层面是建筑师有机会介入整个工业系统的变革。

我和谢英俊（台湾建筑师）聊过这个话题，他觉得像德意志制造联盟，建筑师有义务引导工业生产企业去改变系统，引导人们生活方式的变革。现在建筑师更多的是适应这样的技术。谢英俊认为中国有那么大的空间和生产量（包括住宅），但建筑师似乎没有很好地利用这个容量。所以他想做轻钢龙骨系统。包括像袁烽的数字化建造，能否把它引导成一种小范围的工业革命，至少在一定范围内形成系统，这可能是建筑师可以反过来影响社会的过程。大家现在对于建筑师要去改变社会命运这件事似乎有点恐惧，但我觉得在中国还是可以做些这样的事情。

张斌 ◎ 这个就像让·普威（Jean Prouvé）那个时候的失败，是社会条件不对。他领先于社会条件，在一个大批量复制的时代，他去强调一种小规模的、可以回应个体需求的可调适轻型预制体系，注定失败。他这个诉求放在当今社会条件下，结合数字技术是完全可以做到的，甚至可以做到一个开源的社会分享系统。在这个系统中，建筑师肯定会扮演特别重要的角色，不管是传统意义上的内部工作，还是外部的社会组织方面，建筑师都可以有很大的发挥空间。

李翔宁◎其实这个潮流在不断变化，就像我们当年穿衣服，以前穿棉的，后来觉得"的确良"（涤纶）特别白特别好。但后来大家意识到这是大工业生产的东西，又开始向手工生产的、自然的东西回归。现在的私人定制，或者像使用者可以通过某种软件或生产技术参与设计，我觉得都是挺有意思的事。

张斌◎现代性产生之后，工业时代的空间还是被给定和供应的，永远是先有空间，人再去使用。下一个时代，空间可能就不是这样一种供应方式。空间是可以合谋的，或者是可以由使用者自主去布局、营造、调适的。那么这个系统中既有内部技术方面的突破，又在社会组织层面、人和社会关系层面有新的话题，这两方面都需要做很多的工作。

陈屹峰◎当代建筑乍一看好像非常多样，但仔细观察，它的发展又似乎有点漫无头绪，建筑师都在作自己的探索，这里应该孕育着很多可能。就大舍来说，过去一段时间对建筑学的本体内容关注得比较多，今后在注重本体的立场下，我觉得可以尝试打破这种设计的自治状态。切入点可能有两个：一个是充分挖掘场地的线索，从非常具体的场地特征，如地形、地貌、植被等，到周边一般化的物质条件，如风、日光、水文等，再到当地非物质化的因素，如人的生活方式等，特别是对处于城市中的场地，可以挖掘的内容更多。这些要素作为项目的外部条件，过去往往被忽视或被回避，如果把它们作为设计的一个触发点，应该会给我们带来新的机会；第二个切入点就是重视各位刚才谈到的技术，从材料、结构、构造到建造技术，乃至某些设计过程中采用的"技术"，比如VR等。技术是建筑学发展最为根本的直接推动力量。一方面在客观上它能立竿见影地拓宽建筑学原有的范畴，另一方面它也潜移默化地改变着我们对世界的感知和看法，进而改变设计本身。

柳亦春◎关于技术对建筑的影响，我觉得可以从这两个角度来看。一个是关于建造，即技术如何改变建筑建造的方式，这会直接和我们的环境问题相关。另外一个就是技术对人的影响，包括生活方式和空间体验，也可以带来比较深刻的变化。

最近几年我比较关心结构在建筑中的作用，这在某种程度上是一种补课的工作，也属于如何去处理技术的介入。我大概从 2008 年开始关注结构在建筑中的影响，回溯整个建筑发展历史，可以看到结构在不同时间段都被重新提出。毕竟建筑屹立不倒，结构是主要的因素。如何对待结构，很多人有不同的看法，但是新技术和旧有结构如何从空间中呈现，是建筑师创作的普遍关注点。从一个更大的范围来看，比如中国设计体制下建筑师与结构师合作的模式，在很长一段时间已经基本上固化了。这种模式很难让技术在建筑的文化层面中有所发挥。所以这几年我有意识地想通过和结构工程师合作模式的改变来促使建筑中新的可能性的发生。

第二方面，技术如何介入社会和环境问题？我们现在都讲做建筑要生态、要绿色，但其实很多生态绿色的运用都是片面或者生硬的。我觉得最直接的生态方法之一就是建造的干作业，减少工地粉尘，提高工人工作的环境质量，这反而是不需要多么高深的技术便可以做到的。我发现对结构的问题探究得越深，越觉得建筑的骨架、填充物都是可以被清晰地分离的，这时预制的可能性变得越来越大。新的 3D 打印或机器人的技术介入进来，可能会引导一种全新的工业化模式。这个工业化的目的和20 世纪 70 年代全球大量性工业化的目的不一样，那个时候是要大量生产和快速复制，今天工业化的目的完全可以放在解决环境污染的问题上，营造更好的建造环境条件。

前段时间正好参与了一部分崇明岛的改造规划。虽然崇明岛提出的口号是创建生态岛，但新设计的房子完全没有新的理念，都是非常虚的口号化的绿色设计。其实最简单的不污染环境的方式，完全可以是在崇明岛上用大量预制来建造，通过今天新的技术和观念，它仍然可以是一个小型定制的过程，不是千篇一律的结果。这其中存在非常大的机会，也可能是一段时间里技术可以去探索的方向。这种模式建立之后，肯定会带来建筑空间、触感、体验上的变化，这就是技术给人带来的变化。也包括新技术带来的极致可能。举个例子，为什么日本建筑师的设计都要往薄里面去做？因为以前技术做不到，所以建筑师在挑战新技术能够做到的极限状态，这时产生的新形式是以前技术做不到的，所以必然是全新的形式可能。从某种程度上说这也是由技术导致的形式变革，人的体验因而也在发生变化，这和社会的深层变化很可能是同步的，这会是在未来值得我们去思考和关注的方向。

袁烽 ◎ 柳亦春刚刚说的其实就是我们这代人和社会的关联，建筑师责任的问题。一种是对社会的伦理层面或者是对社会底层的回应，还有一种就是我们能否主导未来的方向。

我们前不久联合同济大学建筑设计（集团）有限公司以及上海建工集团建立了上海数字建造工程技术中心。成立伊始，我们请了多家产业建造商。我们发现无论是学术界还是产业界，对于社会生产能力的认知还存在片面性。产业界已经具备很强的生产能力，但我们对于它的使用或认知互动还是比较少，没有把它理论化并上升到伦理、环境和社会系统认知层面。年轻建筑师经常抱怨为什么我们的房子会造成这样，这其实是产业系统性的问题。相信在今年（2017年）可以有更深度的互动，除了谈谈自己的建筑设计作品，我更愿意从技术和人文以及社会的视角去探讨未来的可能性，相信在未来会成为一种"过去的未来"，这对于建筑学的学科发展会有非常大的带动性作用和价值意义。

李翔宁 ◎ 接下来我们讨论第二个话题，关于城市和建筑师实践的关系。上海青年建筑师的实践过程，应该可以称作是农村包围城市的过程，慢慢地从青浦、嘉定这些郊区进入城市。诸位和城市的关系从设计一个好看的房子来改变城市，变成了城市文化变革的经历者和见证者。我们参与各种各样建筑文化的推广活动，做展览、开研讨会、做出版物和传播，同时也参与像西岸这类的更新活动（各位的工作室都在西岸），不仅仅只是设计的方式，同时也是事件中的一员，在重要空间生产系统中扮演不同的角色。那么请各位就作品和上海的关系，或者对于上海目前城市文脉的情况，以及现在建筑师的境遇问题，谈一谈各自的认识。

张斌 ◎ 我觉得李翔宁的这个问题蛮关键的。首先建筑师的实践维度越来越多样。建筑师从传统狭义的设计层面到更多地介入社会生产全过程的方式，甚至于直接物性空间生产之外的研究、教学、展示等多样的工作，也都进入了我们这代建筑师的实践范畴。上海这两年也提供了这样的平台和空间。李翔宁经常讲到，纽约的建筑师自认为是国际的建筑师，这个是对的，但纽约的建筑师确实也是纽约的建筑师。上海的建筑师首先得是上海的建筑师，我这两年在设计之外对上海城市研究的兴趣，主要也是来自于这一点。上海作为中国当代城市的样本，蕴含了很多的可能性。这些可能性并没有被国内的学术背景系统性地探讨。确实有很多城市文化、历史保护等各方面的研究，但基本上和整个空间生产的关联度还是比较弱的。我们是从传统设计的角度出发，进入对于城市的观察和研究，我个人是希望对上海的持续关注和研究能够为自己的实践提供新的养分。

这样一个中国当代的样本能够提供一些不同于其他文化下当代建筑学的视野。我们这两年选择的研究样本，从最早的永康路变迁，探讨政府、小型资本和民间社会的互动矛盾以及可持续性；到后来对于田林新村共有空间中生活的蔓延溢出、非正规的空间现象以及不同社群共生关系的观察；再到去年在青浦更实际地面对工人新村，为政府提供更新可能性的探讨。我们也和地方基层官员合作，努力推动真正可持续更新的方向。一旦进入这个领域，就会发现上海平庸的空间现象里，蕴含了特别有挑战的当代建筑学或城市方面的话题。这个和一般意义上做建筑设计追求本体的紧密性有很大的区别。我目前做的工作就是每年去关注一个普通样本，从样本中观察空间如何运作，空间和社会机制的关系，以及空间现象与我们实践的关联度。希望有个长时间的计划，比如持续十年，看看能够产生什么样的结果。

这项工作和我这两年持续的实验班教学也可以挂钩。去年实验班教学课程"小菜场上的家"就是用了田林新村的基地，那里就是一个充满着乱七八糟搭建的菜场综合体，上面有各种低端宿舍。我们的前期调研给学生提供了一个基础，他们再去做自己有体验的城市调研和空间提案，而具体空间的设计过程和我们对于城市研究的课题也发生了一定的关联性。只要建筑师有意愿去做这些拓展工作，最后都是可以串连起来的。研究、教学、和社会发生关联的展示活动、传统意义上的设计实践，都是可以挂钩的。

陈屹峰 ◎ 大舍 2010 年前的实践都在郊区新城，项目可以获得的基础资料往往就是一张控规图，有时候甚至没法去踏勘基地，因为连路都还没有。设计面临最大的问题是缺乏周边参照，这就导致最终的建筑会成为一个强调自我完善的小天地，对外的姿态不免趋于内向。

2011 年我们开始设计的凌云社区公共服务中心则完全不同，这个项目在上海徐汇的梅陇地区，是一个真正意义上的城市建筑，同时也非常接地气。梅陇原本一直处于城乡结合部的状态，20 世纪 90 年代大批居民因市政建设从市中心迁入，这里逐渐形成了以六层住宅为主的多层高密度居住型社区，人来车往，极富生活气息，沿街商业也非常成熟。凌云社区公共服务中心是为周边居民提供公共服务的设施，也是这个面貌陈旧的社区近20年来第一个有规模的公共建筑。在这个项目上，建筑师除了要承担传统意义上的设计工作外，还面对着许多盘根错节的社会线索，有时不得不以调停者甚至是仲裁者的身份出现，必须用设计来回应不同利益主体彼此矛盾的诉求，这样才能获得各方的共识，而这些内容从设计任务书中是完全看不到的，在郊区新城的项目中也从未遇到过。公共服务中心的设计过程也非常有意思，设计方案除了要听取主管部门的意见外，建筑师还要去社区食堂向居民代表汇报，争取他们的支持。这个项目让我认识到，城市的复杂程度远远超出自己的想象，除了各种有形的物质要素外，那些无形的社会线索也非常关键，毕竟在高密度的城市建成区，一幢稍具规模的建筑将影响到的个体和群体就已经很多了。而这个时候就必须要提建筑师的社会责任感了，因为城市建筑是否能让大多数人获益，并不是简单满足设计任务书的要求就能做到的。建筑师在这种状况下的工作重心应该是厘清基地以及周边区域隐伏着的错综复杂的物质和社会因素，并通过设计来化解它们之间的矛盾，最大程度地平衡来自各方的诉求。

袁烽◎城市性的本质，第一层级是政治，第二层级是资本，第三层级是个体。在上海的城市性中，整体管控是非常自上而下的。前几天，我被邀请到台湾台中县评图，并做个讲座，也参观了他们的工作方式。在上海还不觉得，换一个地方文化背景就发现，建筑师和城市性的问题的本质区别并不来自于建筑师能力的不同，而是来自于政治力量、资本力量以及个体话语的不同。我们的问题是建筑师的话语权不强，我们对于城市话语的力量有很多并没有达到建筑师应该具有的影响层级，这是我觉得我们在城市性方面显得薄弱的原因。至于建筑在城市当中的呈现状态，可以是弱建筑，也可以是强建筑，这都不重要。

我办公室所在的地方是一个荒弃十年的工业区，非常有历史。当时限制很少，可以保留也可以拆掉重来，但是出于对文化和传统的尊重，我更愿意用一颗谦卑之心去看待我们身边的每一棵树、每一块砖，所以这些内容在自己的实践当中得到了尊重和保留。在其他实践中，我们可能还没有办法以强有力的话语和资本力量与政治认知对话。作为一个建筑师，能回馈社会的是一种抗争？还是批判？或是融合？我认为城市性是持有本体内容的，在这个时代的机制下，还不是最好的介入城市性的状态，所以在我现在的话语影响范围外，我更愿意采取一种抽离的态度。

在未来,城市性这方面还是作为一个建筑师和事务所不可缺失的一部分。而这个部分需要找到一个策略,或者说一种话语权。上海本土的优秀建筑师并没有得到很客观公正的支持。我们上海的建筑师,应该形成更多集合的力量,通过双年展或其他方式,让大家意识到建筑师可以让这个城市的微更新或者渐进式发展变得更好。

城市更新的本质不在于强弱的渐进,而是在于质量、品质。新发展不在于形式是不是好,是不是漂亮,而在于其内在的与城市的关联度和结合度,是否恰如其分地把当地文化加以延展和提升。这种提升可能更像是一种归属感,一种四季中每一束阳光的照耀,每一块草地新长出来的时候,这片大地会带来的一些东西。在大叙事大背景下,我们城市已经完全变成共同审美下的趋同,个体的力量和个人的认知所带来的东西被挤压得非常渺小,城市的趣味也变得越来越少。如果有集体的力量,这个集体力量应该呈现出个体的创造性,从而给城市带来魅力。和而不同,因为不同才有梦想,才有创造。

柳亦春◎我认为城市问题是特别复杂的,所以这么多年来我们一直非常谨慎地去面对。对建筑师来说,介入城市的问题也许可以分为三种方式:城市研究、城市设计和建筑设计。

我记得大舍刚刚成立的时候,庄慎、陈屹峰和我三个人买了一套建筑师丛书,其中有一本墨西哥的《卡拉赫+阿尔瓦雷斯》,这本书介绍的就是他们一直坚持在墨西哥城做设计,把城市研究代入到设计中来产生属于那座城市的设计。那时候我们就希望能像他们那样,坚持在上海做设计,通过对上海这个城市的了解和研究代入属于上海的设计。这个想法其实一直没有变,只不过最初我们的项目地点都位于郊区,所以面临的并不是特别明显的既有城市问题,多少有些避实就虚,比如青浦老城和新城的大尺度肌理变化,反映在青少年活动中心的设计上,采用的建筑策略就是打碎整体,重现旧城肌理。这个我把它归为"向后看"的做法,是对之前的传统的认同,并希望延续这种方式。

除了"向前看""向后看"之外,在设计中我还有一个认识,就是"由内而外"和"由外而内"。城市问题对建筑的影响是一个由外而内的过程。这些年我看到像张斌、庄慎他们在非常积极地做城市研究,虽然并不一定和某个设计挂钩,但对于我们旁观者也是非常有益的事情,带给我很多启发。李翔宁主编的《上海制造》以及塚本由晴的《东京制造》里的研究，为我们在当代城市背景下展开更有社会意义的实践提供了非常好的视角。如果建筑是一个群体，城市问题会比较直接，但我们大部分项目都比较小，所以介入到单体的时候，通常会持一个比较谨慎的态度。有时候也会有反城市的态度，比如我们做了很多内向型的建筑，并没有把它完全开放出来，这其实也是面对城市社会问题的一种态度，我把它称之为在设计中的一个隐性的关于城市的思考和线索，并不是完全不思考城市。

这几年这条线索在慢慢显现出来，在本体的基本思考有了比较明确的基础之后，城市性的要素在未来的实践中会越来越多。像西岸艺术与设计示范区就是一个非常积极的城市思考的结果，它不是一个单纯的设计问题，更多的是一个组织问题。当跟业主和政府的相互沟通达到一定程度后，建筑师是可以在专业层面去影响他们的决策的。西岸示范区就是意识到有些城市用地在更新过程中会有一段空窗期，如何积极地在过渡期也把它利用好，是这个设计最重要的出发点，这个时候采用与之相适应的快速建造方法和临时使用模式，就会产生新的建筑可能性。

从 2015 年开始，城市更新成为上海一个重要话题，很多建筑师的工作都可以纳入到这个大的题目里去。对政府来说，如果是城市更新的题目，都会以积极的态度去对待。所以在这个大背景下，我们也做了很多的城市设计，包括三林新城那边的劳动新村；我们也和"一条"视频共同探讨过在互联网模式下，密集的城中村模式能否转变为互联网经济的相关产品或者某种更新的生活方式；还有浦东民生码头的改造，甲方邀请了致正、刘宇扬、OMA、日建设计、东京工业大学的安田幸一以及大舍，一起作为一个工作坊，来探究工业码头区在新的城市更新背景下可能产生的新的公共城市活动、生活方式和空间构成。这些实践都跳出了固有的设计模式，不再是单纯地设计一个空间的问题。其实帮业主拟任务书这件事，也是一个城市设计很重要的要素，这种方式肯定会从价值观、立场和出发点等方面对建筑师的设计产生非常大的影响。

陈屹峰◎的确是这样，一旦介入城市项目，对于建筑师来说，就必须面对和回应各种各样的城市要素，比如刚才我提到的有形的物质因素和无形的社会线索，不管以何种角度去切入，设计都很难再囿于建筑师固有的思考范畴，这对打破设计的自治非常有帮助。

张斌◎我再补充两点。一是作为国内的独立建筑师群体，特别是上海、北京、深圳这三个地区，与所在城市发生关联最强的还是上海建筑师群体。这两年上海有不少实践机会，年轻建筑师也可以做一些改造性的工作。深圳也有，但没有那么多元。可能在上海，独立建筑师的参与和整个市场比还是很弱的，但这么多年积累下来，涉猎范围是很广的。有传统意义上的大开发、资本化、自上而下结合的机会，也有和相对较小的自发的微观资本结合的机会，此外还有一些自主研究的话题。

第二点，上海建筑师和上海城市的关联，一方面是自然和物理层面上的建筑可持续性探讨，还有很大的另一方面是社会的可持续性。比如西岸艺术示范区，这是一个非常中国当代化的话题。在之前自上而下的权力—资本模式下是不会有这类空间的。因为完全自上而下的方式不太具有可持续性，资源是不匹配的，会有一些被闲置、浪费、忽视的地方，而正是在这些地方建筑师反而会有所作为，会出现"临时性使用"这样的话题。这就是建筑师发挥自己的职业特长，和政府代表慢慢合谋出来的结果。这种"临时性"会有很多对于资源的再组织，以及社区和城市的可持续话题。

李翔宁◎还有一个问题，建筑教育如何应对当代建筑变迁的模式？昨天学院里也有这样一个讨论，学校为了减少本科生的学时数和学分数要压缩很多课程，但每个老师都觉得自己的课很重要，难以压缩。

我认为，第一，本科要向研究生过渡。本科生要放宽，让他们有更多的自由发挥的空间，把很多要求转移到研究生阶段。未来建筑系学生的出路会很多的，我们现在在本科阶段安排了建筑结构、结构力学、设备暖通等课程，设想是学生本科一毕业可以马上到设计院做投标、画施工图，所以这可能对建筑教育模式是一个比较大的挑战，也是存在争议的地方。各位虽然是职业建筑师，但也参与了很多教学，请你们谈谈对于未来建筑教育模式的看法。

柳亦春◎我认为建筑教育确实可以当成人文类的学科教育来对待，很多具体的和设计相关的学习甚至可以在工作以后通过实习来补强。在学校里，人文基础确实需要打得比较扎实。像香港和英国的教育模式，三年级拿一个文学学士，然后到事务所工作两年，再回去用一两年的时间拿一个建筑学硕士，这样的方式对于我们这个职业还是有一定合理性的。研究生课程可能需要比较大的改变，应该有偏理论型，也有偏设计型。这样实践建筑师也有机会参与到研究生的教学里面，介入研究生教学可能比介入本科生更加有效。本科的通识类人文教育可以构建一个更开放的面对未来社会变化的系统。

李翔宁◎ 昨天讨论到，如果要压缩学分，结构设备这些课又不能不学，能不能压缩成半学分。现在很多知识点学生背下来之后都忘了，如果仅仅作为一门知识课，跟设计课没关系，能否变成半学期一个单元，剩下半个学期融入到设计课里去，做一个综合型的设计？学期末给学生一个设计的成绩，也把设备或结构的半门课的成绩给他。

柳亦春◎ 可能这时候课程的设计就变得很重要，建筑结构课到底教什么？课程可以编排得更有针对性，像日本的结构师小西泰孝，写了本书，是专门给家庭主妇看的建筑结构知识。通常建筑系里的结构课建筑师并没有介入，而是让结构系的老师在教，这其实是有点问题的，我想可以针对性更强，更加直接，更加有效。

陈屹峰◎ 我认为本科生教育应该着重两方面的内容：一是形式训练，这是在四年或五年的时间内把一个中学毕业生培养成基本合格的建筑师必须经历的一个环节，感觉不是一两个课程设计就能够解决的，如果要让学生具备一定的形式操作能力，专门的形式训练应该以不同的方式贯穿本科教育的全部；第二，更加关键的是思维训练，要教会学生拿到设计题目后该如何思考，可以从哪些方面切入，用怎样的方法把建筑做出来。我接触到很多学生在设计思维方面都有些问题，面对课题，他们要么茫然不知所措，要么火花四射，一下拿出十几个想法，但自己也不知孰优孰劣。这两类学生都不知如何去进行有效的设计思考。

至于学校里设置的建筑构造、建筑技术、建筑结构等课程，我认为让学生掌握原理即可，然后可以结合具体的设计课题做一些展开，比如同济大学建筑学院实验班"小菜场上的家"的设计课程设置，里面会有个小单元让学生们着重表达自己设计的结构体系和某些构造做法。这样的方式比较好，为学生打开了一扇窗，让他们知道建筑真的要实施起来，还是有很多物质层面的内容需要考虑。但是不管如何，四年或五年的本科教育中，形式训练和思维训练仍然是最为重要的，因为学生一旦毕业后，基本就没有机会去系统地接受这样的训练了，而建筑学其他方面的内容倒是还可以慢慢积累。

至于研究生，教学的重点我认为要偏重理论，要让学生具备一定的理论素养，初步建立自己的建筑观，对各种纷繁芜杂的建筑现象能有自己的价值判断。

再补充一个情况。现在国内的建筑学教育只有本科和研究生两块，但在欧洲，还有职业教育这个层级，这基本上是培养我们所谓的"建筑工程师"。前两天遇到一位荷兰的建筑师，他说荷兰的小住宅设计都是由职业学校培养的建筑师完成的，设计做完了还要建筑师自己做预算，并组织施工之类的。真正本科院校毕业的建筑师反倒没有能力做这样的项目。从这一点来看，在有些国家建筑师的分工非常清晰，与之相对应的建筑教育的目标也很明确，我们国家的建筑教育或许也可以再细分一下。

张斌 ◎ 虽然我蛮早就离开学院了，但是后来一直在参与教学，也在同济带了快十年的研究生和五年本科实验班的课程。讲到教育，我觉得蛮难的。

欧洲的体系基本上就是精英化职业教育体系（荷兰可能比较特殊），典型的欧洲工学体系。无论德国、西班牙、瑞士，哪怕英国，基本上本科毕业就意味着有能力为社会负责了。首先它是职业化教育；第二，它是精英化的，伴随着高淘汰率。比如最早第一年招 100 人，最后毕业的可能只有 10 个人，剩下很多人可以转到工程等其他相关专业去。另一种像美国，它的本科教育是相对传统的，但又没那么职业化，最后建筑师的职业资格是通过工作之后的认证、考试来完成的。

中国建筑教育形式上有点像北美，本科毕业并不意味着你有职业能力，你要通过工作之后重新认证获得。而我们的本科教育又似乎是要让你适应社会快速消费化的要求。国内的建筑学教育，本身带有功能类型化的教学体系，有很强的传统，可一旦和不太清晰的社会需求结合之后，确实比较奇怪。

本科教育到底能干嘛？这点始终不太清楚。建筑学教育在目前状态下，越来越像养成教育，很多人可以不用再干传统的设计行当，但建筑学本科教育可以为社会提供潜力和经验。对于以后从事不同职业的人来说，其实建筑学学完最关键的不是画图、做模型、做设计这些职业方面的能力，而是可以面对一个问题，从无到有地解决并产生结果。很多社会学或人文背景的学生可能是没有这种落定的；搞纯理科的是定量求证的，也不是从无到有的过程。建筑学教育的是这种能力，和现在社会的需求可以有更多的结合点，不是狭义的设计范畴，是广义的设计范畴。

从这方面而言，确实我们本科的教育可以搞得特色更鲜明些。一是课程设置应该更高效。原来那种原地踏步、积累功能类型的课程，不如有层次地提高课程的组合方式，让学生在两年的时间内把专业性的东西都操练一遍，而且是层层递进的。第二，学生应该拥有某种形式、空间、操作能力的母细胞，这个母细胞可以应对两个层面的问题，一个是观念养成层面，建筑学对于人文、历史、工程、技术等都得接触和了解，而且要尽早有一个清晰的自我认识；第二个是在生活层面，和人相关的。在专业技术层面，同济的学生很管用，但是和生活世界的沟通能力，中国学生特别不行。说到底是对于生活世界的投射能力不行。其实特别需要让学生用专业经验去联系两头，把观念世界和生活世界联系在一起，这才是一个完整的建筑学所面对的作业空间。

说到研究生教学确实也很矛盾。每年都有很多学生要来报我的研究生，我就问他你干嘛要报研究生，一般百分之九十都说我要跟你学设计，我就说研究生怎么能跟我学设计呢，系统的基本设计技能只能在本科学，跟我学设计还不如跟我工作呢。（笑）研究生最重要的是培养在现实中锁定一个问题，然后去做一番深入解剖的能力。这种能力是研究生所必要的，这个必要性需要体现在和建筑学专业能力相结合的专业性上。这两年我的研究生教学，最后论文全部统一为调研性的课题，论文之外要花一年时间和精力做出调研成果，做下来效果也不错。他们自己会觉得通过对具体问题深入的工作，可以有收获，可以映射一些事情，甚至于这种工作也属于广义设计的一部分。因为还是要调动专业能力去做的，而不仅仅是社会学一样的调研。

袁烽◎建筑教育在近五年和以往相比，有非常本质的转化，从技术、人文等角度对建筑设计的理解，其信息量正在经历爆发式的增长。现在学生能掌握的知识信息量，与我们这一代人读书时看的参考书和教材的数量相比，不是翻倍的关系，而是十倍二十倍甚至几十倍的关系。所以我在思考，学生是不是被教出来的？是不是把所有东西都教给他，他就能成为一个好学生？

这其中，各个学校应该肩负不同的责任。中国有二百多所高校有建筑学专业，那么我们现在讲同济的教育问题，就是在说同济应该教什么样的学生，而未来社会对于建筑师、建筑需求会达到一种什么状态？我认为，同济需要培养具有领导能力的未来栋梁——无论是建筑学者，还是未来自己创办建筑事务所，又或在一个集团设计团队中工作，我们培养的学生需要具有一定的视野，具备把个别问题上升到一定高度的能力，并且能够通过批判性思考来分析、解决问题。这需要两方面的素养：一个是科学技术方面的素养，要形成不同的方法论；第二个就是艺术人文层面的素养。

同济的优势在哪里？一是优秀的老师很多，各有特点。未来的教育体系要让学生有更多的养分，而不是养在一个花盆里。我们的教育能不能让学生自我组织知识或自主决定要跟谁去学，或者自己决定在团队中扮演什么样的角色？可能一个人对建筑人文与文化很感兴趣，那就可以培养去搞建筑理论和建筑评论，未来也可能去办杂志；另一个人设计能力强，那他的目标就是创办事务所，创作优秀建筑作品。总之，要有所差异。如果所有的学生都觉得进同济院或者进华东院是第一选择、第一梦想，或者把取得上海户口作为唯一的梦想，那这个世界以及我们教育的学生就会变得非常无趣和狭隘。

这个时代知识数量倍增，可能硕士、博士学位会成为更多人的选择，而不是本科学位就可以的状态，至少也要在硕士学位层面的学习和积累知识。这样我们应该重新分配教育资源，在本科期间，人文、艺术和技术的基本素养教育要有宽度，不然在硕士、博士阶段就不会有深度，本科阶段要把网撒得足够大，要有足够的给养来应对未来的成长。而研究生期间要选点而不是面了。你要选个方向，是做历史、做评论、做媒体还是做设计，要有明确的具体化方向。所以我觉得未来可能的方向是多样化的，我非常赞成让学生有更多的选择，自主组织自己的兴趣、圈子和知识方向。如果这些能做好，建筑教育改革还是有所期待的。

2017 年 1 月 25 日于言几又

袁烽 Philip F. YUAN

1971 年出生于黑龙江哈尔滨
1993 年获湖南大学工学学士学位
1996 年获同济大学建筑学硕士学位
1996—1998 年任同济大学建筑与城规学院助教
1998—2004 任同济大学建筑与城市规划学院讲师
2003 年获同济大学建筑学博士学位
2004—2015 年任同济大学建筑与城市规划学院副教授
2015 年至今，任同济大学建筑与城市规划学院教授，博士生导师
1971 Born in Harbin, Heilongjiang Province, China
1993 B.Eng from Hunan University
1996 M.Arch from Tongji University
1996-1998 Teaching Assistant at College of Architecture and Urban
Planning (CAUP), Tongji University
1998-2004 Lecturer at CAUP, Tongji University
2003 Doctorate in Architecture from Tongji University
2004-2015 Associate Professor at CAUP, Tongji University
Professor and Ph.D. Supervisor at CAUP, Tongji University from 2015.

袁烽

Philip F. YUAN

袁烽◎当代建筑的多元化发展特征已经形成,用单一的文化或者技术观点来认识与指导实践都是不够客观的。但是,有两方面的挑战非常突出。对于建筑学本体实践来说,数字化与建筑技术的革新,正在改变着我们如何设计建筑以及如何建造建筑。譬如,建筑机器人建造技术不但挑战了建构本体的形式意义,更重要的是这种新技术正在潜移默化地挑战着建筑产业的发展。另一方面,作为一个与人类文明史同生共长的古老学科,建筑学在当下势必需要回应当今建筑学存在的伦理意义以及环境意义。所以,绿色、可持续发展不仅是一个社会发展的重要议题,更重要的是建筑学也应当同时重新准确定位自身的学科知识系统。所以,总体来说,我觉得新建筑技术文化的重新定义与革新是当今建筑学面临的最为重要的挑战与议题。

袁烽

袁烽◎当今的数字化信息交互与互联,已经成为不可避免的全球化特征。其带来的益处,不言自明,无疑全球化技术的迭代与更新让更多的人共享到知识生产的生产力。但是同时,文化符号化与同质化、精英文化的狭义化、传统文化与工艺的覆灭等都引起了整个社会的反思与警惕。我在 2009 年就提出 Glocal "全球地域化"(Global+Local)实践主张,2016 年,又在《参数化地域主义》("Parametric Regionalism")一文中进一步作了阐述。一方面,应当对传统文化有敬畏之心,需要深入理解工艺文化、建构文化的传承以及地方手工艺等非物质文化遗产文化的传承意义;另一方面,要通过数字化技术的革新重新升级传统建筑产业的发展。在近几年的建筑设计实践中,我既注重对传统材料的研究,比如砖、木、陶土以及混凝土等材料,同时通过"未来数字工厂"的研发实现了机器人砌砖(池社,2016)、机器人木构(苏州园博会木结构主题馆,2016)、3D 陶土打印(上海南京路星巴克咖啡厅,2017)以及混凝土数控模板技术(Fab-Union 艺术空间,2015)等传统材料的创新建构实践。

李翔宁 ◎ **请简单描述一下您作品中最重要的元素与特征。**

袁烽 ◎ 在作品实践中，自己比较难以描述自身特征。但如果从方法层面上讲，主要在场地设计以及建筑设计中运用到数字化建造、数字化建筑几何以及性能化生形等设计方法。当然，建筑设计的过程并非方法堆砌的过程，感知历史、认识自然、尊重环境关系，讲求材料的"原真的本体建构"等也一直是我在设计实践中努力做到的内容。从设计角度，我注重的并非仅仅是材料元素，而是材料的建构工具包系统，所以着意表现的是砖、木、混凝土等材料系统在建筑空间中的逻辑表达。我比较反对纯粹形式表达，而是注重材料系统背后结构一体化（Fab-Union 艺术空间，2015）、自然环境系统建构（同济大礼堂保护性改建，2007）等建筑内在的机制与空间建造。

李翔宁 ◎ **从您的角度，怎么看当代建筑教育的走向？**

袁烽 ◎ 建筑教育的走向一直是两种状态并存，既包含技能型教育也包含研究型教育。当代建筑教育必须与时俱进，一方面，固本求源是学科发展的基础，注重建筑历史、理论的扎实教育是前行的基础；另一方面，扩展学科边界已经成为建筑学发展的大势所趋，建筑学的文化外延、技术外延以及伦理外延等都在被重新定义。

西岸 Fab-Union 艺术空间
FAB-UNION SPACE

项目名称
西岸 Fab-Union 艺术空间

建筑师
袁烽

设计团队
建筑：韩力、孔祥平、王徐炜；结构：张准

项目地点
上海市徐汇滨江，龙腾大道 2555 号 D 栋

设计时间
2015.06

建造时间
2015.06 – 2015.09

建筑面积
368 平方米

摄影
陈颢、苏圣亮

位于徐汇滨江西岸文化艺术区的 Fab-Union 艺术空间是一栋 300 多平方米的小房子。设计之初，为了减少资金投入，提高空间效率，整个项目在横向被划分为两个长向空间，两侧不同标高的楼板在使用面积最大化的同时，为展览、办公等未来的可能使用功能提供了相应的灵活性。楼板在两侧通过两堵 150 毫米厚的混凝土墙加以支撑，在中部则是通过竖向交通空间的巧妙布局，将重力进行引导，使得楼梯空间成为整个建筑的中部支撑，而传统意义上的结构—交通二元化建筑要素得以同化。同时交通动线和重力的传导在空间和形体上互相制约而彼此平衡，又自然地成为空间塑形的基础。建筑界面相对透明，可以从建筑的外部读出结构的表现力。

设计构思首先保证两侧的双层高展厅与三层低展厅相对完整，而中间交通仅有 3 米。该空间的构思是建立在人的动态行为、空气动力学拔风以及最大化空间体量连续性基础之上的。而动态非线性的空间生形是建立在结构性能优化以及空间动力学生形的基础之上的，整个过程运用了切石法、投影几何以及算法生形等多种设计方法。

混凝土作为可塑性材料，既承载了建构特性又具有异域施工的特点，整个建筑从设计到施工历时仅四个月，可以说是数字化设计以及施工方法带来的奇迹。

上图：一楼楼梯下方两侧空间
下图：一楼楼梯下方空间
右页：北侧次入口

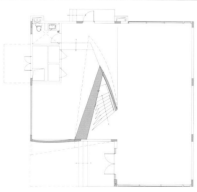

0　　　　　5m

上图：南侧主入口
下图：一层平面图
右页：二楼室内空间

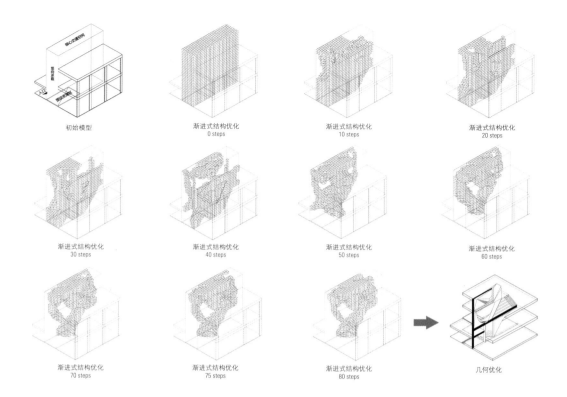

初始模型

渐进式结构优化
0 steps

渐进式结构优化
10 steps

渐进式结构优化
20 steps

渐进式结构优化
30 steps

渐进式结构优化
40 steps

渐进式结构优化
50 steps

渐进式结构优化
60 steps

渐进式结构优化
70 steps

渐进式结构优化
75 steps

渐进式结构优化
80 steps

几何优化

上图：渐进式结构优化示意图
下图：空间结构几何优化示意模型
右页：实体模型

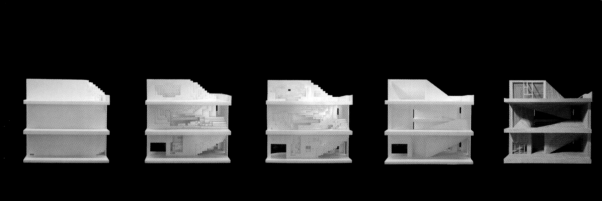

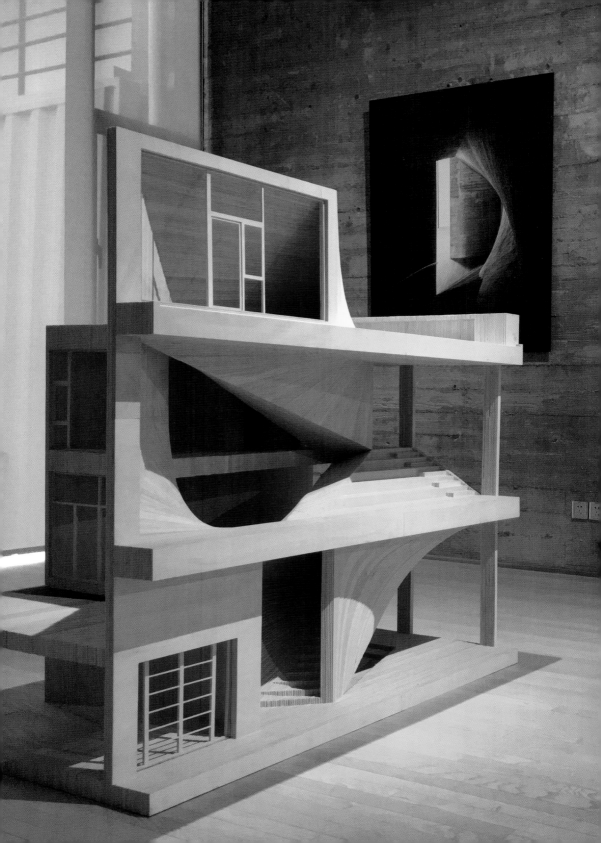

池社——机器人与人协同的城市微更新

CHI SHE

项目名称
池社

主创建筑师
袁烽

设计团队
建筑：韩力、孔祥平、朱天睿、刘秦榕；
结构：王瑞、沈俊超、张小峰、王锦；
室内：王徐伟、陈晓明

设备
刘勇、江长颖、黎喜

数字化建造施工
袁烽、胡雨辰、张立名、张雯

项目地点
上海市徐汇滨江，龙腾大道 2555 号 4 栋

设计时间
2016.02 – 2016.03

建造时间
2016.04 – 2016.09

建筑面积
223 平方米

摄影
苏圣亮、林边、胡雨辰

池社的设计面向的是一种城市微更新的典型议题：用尽量小的投入完成合理有效而又具有品质的城市空间营造。作为一处需要一体化考虑的复合艺术空间，其功能极为丰富，在紧凑的建筑内需要容纳展示收藏、创作讨论、休息交流等多种艺术活动，因此在设计时保留了原有建筑的外围护墙体，在进行基本的性能改善和结构加固后获得最大化的展厅空间。同时，局部将建筑屋顶抬高，但在视觉上进行体量消减，使其不会对园区的公共空间有所压迫，同时获得一处可以享受完整天空的夹层休息空间。屋面结构替换为更加轻质有效、富有温暖气息的张拉弦木结构屋顶。

同时，在外立面改造设计中，数字设计工具带来了传统设计方法中难以实现的模糊性，构件与构件之间的界限不再那么清晰。梁与柱，墙体与楼板，在这种模糊性下都可能变为一个难以割断的整体。在这座建筑中，立面与雨棚通过一面数字干扰后的砖墙连接在一起。数字的精准控制使这种连接浑然一体，入口位置的轻轻一掀，形成的褶皱肌理成了房子最让人印象深刻的形式处理。横平竖直一直是砖块砌筑工艺的核心准则之一，然而在一体化的雨棚和立面的处理中，微差带来的渐变为传统的砌筑工法带来了新的挑战。在一块砖的尺寸范围内通过砌筑的微差实现渐变与一体化的效果，同时也要保证砖与砖之间可靠的黏结。毫无疑问，这种砖块砌法上的挑战为砖的建构带来了新的表现力。

上图：青砖在入口位置形成了褶皱肌理
下图：在破败不堪老建筑的基础上完成的改造
右页：通往夹层空间的楼梯

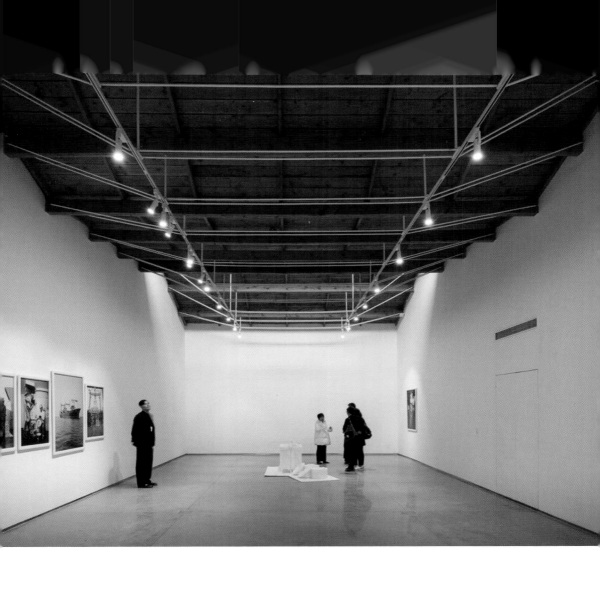

外立面材料最终选择了旧砖，因为附近有大量老旧建筑要被拆除，拆下来的旧砖是最直接的历史痕迹，而且无疑会成为调和新旧关系的重要元素。数字化设计手段带来了鲜明的特点，同时也带来了很大的建造挑战，如何完美实现这种砌筑微差则是保证完成度的关键。这个项目借助一造科技（Fab-Union）专项研发的机器臂砌筑的工艺，实现了先进数字化施工技术在现场完成真实建造的首次尝试。池舍的外墙，将回收自老建筑的古老青砖与先进的机械臂在场建设工艺相结合，将匠人工艺通过数字化工具重新诠释与再现，历史性与当代性相结合的理念从设计之初一直贯彻至建造结束。

左页上图：机器人现场砌筑青砖墙
左页下图：青砖褶皱肌理细节
上图：张拉弦木结构屋顶

同济大礼堂保护性改建
PROTECTIVE RECONSTRUCTION
OF TONGJI AUDITORIUM

项目名称
同济大礼堂保护性改建
设计单位
同济大学建筑设计研究院
方案设计
袁烽
施工图负责人
陈剑秋、袁烽
建筑设计
袁烽、陈剑秋、王启颖、司徒娅、郑泳
室内设计
袁烽、王启颖、郑泳
项目业主
同济大学
项目地点
上海市杨浦区同济大学四平路校区
建筑面积
7 203 平方米
设计时间
2005 – 2006
建造时间
2006 – 2008

作为曾经远东最大的礼堂，同济大学礼堂于 1961 年由同济大学建筑设计院建筑师黄家骅、胡纫茉和结构工程师俞载道、冯之椿设计。礼堂大厅长 56 米，结构净跨 40 米，为装配整体式钢筋混凝土联方网架结构，因其简洁的结构造型特点被列入"建国 50 周年上海经典建筑"以及上海第四批历史保护建筑。礼堂位于校园中心地带，是校园中心轴线的西端重要节点，也是同济大学许多重要活动的发生地，承载了诸多校友的校园生活记忆。改造的重点是对其与众不同的特点以及它在校园中的位置环境的保护：富有特色的礼堂正立面是对校园轴线空间关系的延续，而独具美感的网架结构更为无数学子所津津乐道。但大礼堂原有功能性的不足迫使改造采用一种更"芯"驻"颜"的基本策略。首先保留原有的主体结构、入口门廊以及屋顶侧窗等原建筑中最为特色的建筑元素；在礼堂内部增加 6 米抬升的观众席以满足基本的观演功能，并结合升起增加入口门厅空间；西侧在拆除原有礼堂辅助部分的基础上增加两层的功能空间，以满足礼堂新增加的功能需求。在改造过程中，同时考虑多项生态技术的使用，在基本的节能改造之余，采用了机械／自然双通风结合的通风系统、地源新风系统等多项生态节能的新技术。

上图：礼堂优美的结构体系得以保留
下图：改造后的侧廊内部空间
对页上图：改造后的礼堂全景
对页下图：新建的舞台部分

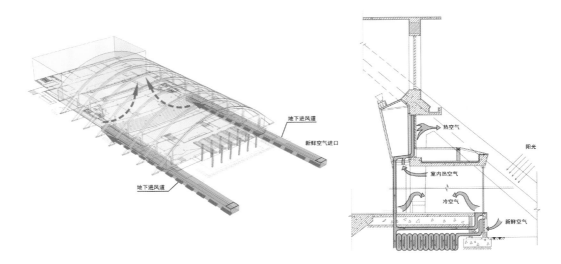

地下进风道
新鲜空气进口
地下进风道

热空气
阳光
室内热空气
冷空气
新鲜空气

对页左图：地源新风系统示意图
对页右图：侧廊通风示意图
下图：改造后礼堂南立面
右图：改造后的舞台效果

张斌 ZHANG Bin

1968 年出生于上海
1992 年获同济大学建筑学学士学位
1995 年获同济大学建筑学硕士学位
1995—2002 年于同济大学建筑与城市规划学院任教
1999—2000 年入选中法文化交流项目"150 位中国建筑师在法国"，赴法国
巴黎 Paris-Villemin 建筑学院进修，并在 Architecture Studio 事务所担任访问
建筑师
2001 年起担任《时代建筑》杂志的专栏主持人
2002 年创立致正建筑工作室，并担任主持建筑师
2004 年起受邀出任同济大学建筑与城市规划学院客座评委
2012 年起受聘出任同济大学建筑与城市规划学院客座教授
1968 Born in Shanghai, China
1992 B.Arch from Tongji University
1995 M.Arch from Tongji University
1995-2002 Lecturer at College of Architecture and Urban Planning (CAUP),
Tongji University
1999-2000 Studied at L'Ecole d'Architecture Paris-Villemin as a member of
the "150 Chinese Architects in France" program, and worked at Architecture
Studio as a visiting architect
Contributing Editor of the *Time+Architecture* Magazine from 2001;
Co-founder and Principal Architect of Atelier Z+ from 2002;
A member of the Jury at CAUP, Tongji University from 2004;
Visiting Professor at CAUP from 2012.

周蔚 ZHOU Wei

1972 年出生于上海
1996 年获同济大学建筑学学士学位
1996—2001 年先后在上海中建建筑设计院和美国 JWDA 建筑设计事务所上海公司
担任建筑师
2002 年共同创立致正建筑工作室，并担任主持建筑师
1972 Born in Shanghai, China
1996 B.Arch from Tongji University
1996-2001 Worked at Shanghai Architecture Associates of China State
Construction Engineering Co. and later at Joseph Wang Design Associates
(Shanghai) as an architect
Co-founder and Principal Architect of Atelier Z+ from 2002.

致正（张斌 + 周蔚）

Atelier Z+（ZHANG Bin + ZHOU Wei）

李翔宁◎您认为当代建筑所面临的最主要的挑战是什么?

致正◎现代主义的建筑学发展到今天，对当代社会的各种状况已经越来越无力。随着基于互联网和数字技术的新技术的涌现，当代建筑的建造方式将很快发生巨大的变化，这似乎是当代建筑的一次新的机会。但是和历史上每一次建造方式的革新一样，新的建造技术必须放在整体社会生产的语境中才能被充分讨论。我们关心的是，新的建造方式是否能促进新的空间生产方式的产生？进而，新的建造方式能否更多地参与社会生态的更新进程，并为人们的生活带来新的可能性？

李翔宁◎在全球化与地方性的两极之间，您如何定位自己作为一名建筑师的文化身份?

致正◎全球／地方的双重格局已经内化为当代建筑师的实践坐标，而不只是一种风格样式的标签。无论在什么地方开展实践，我们都需要秉持"在地化"的工作方式，将自己的思考融入那个地方具体的文化、场地、社群等语境之中，从而真正回应这一地方的特殊需求。建筑师的工作总归是与特定的土地、人群相关，这决定了我们对于"在地"的坚持。

当然，"在地"并不意味着表层的具体物质形式上的"地方性"标签，更多要体现在深层工作方法和价值取向上。我们需要将项目所在地的各种条件整合为支撑项目前行的内在结构，进而从整体上营造出与特定场所的内在关联。另一方面，建筑作为一种文化形式的载体，所有在地实践也都会参与到全球化的文化演进之中，我们需要用全球／地方的双重格局自觉地审视自身的实践。

李翔宁◎请简单描述一下您作品中最重要的元素与特征。

致正◎作为小型的跨领域的研究型设计实践团队，我们的工作涵盖城市设计、建筑、室内和景观设计，并在尺度差异巨大的不同项目中探讨一种不以特定形式风格为目标的、开放的、内省的工作方式。面对当下中国急速转变的社会价值、物质环境和生活方式，

致正
张斌 +
周蔚

我们始终以具体项目本身所面对的特殊问题为工作的起点，以将现实存在的、看似彼此孤立甚或冲突的各种资源整合成为一个内在高度一致的整体为目标，通过对不同项目内在隐匿潜力的揭示和呈现，来洞察我们生活世界的种种矛盾：当下与历史、本土与全球、环境与发展、现实与理想……对我们而言，建筑实践不但关乎物质营造，更是对于存在与自然的理解和表达。我们致力于这样一种建筑行为：它具有深思熟虑之后直指内在的气质，一方面是理性克制的技术选择，另一方面是富于创造力和想象力的自在生活。

李翔宁◎从您的角度，怎么看当代建筑教育的走向？

致正◎和当代建筑学所面临的挑战一样，当代建筑教育也需要在技术—社会的互动结构中去探寻新的方向，以更开放、综合的姿态去定义专业教育的边界。

第一，在观念与价值养成方面，建筑学教育对于人文、艺术、工程、技术等方面需要有更融合的创新，以利于学生尽早形成清晰的学科认识；第二，培养与生活世界的沟通、投射能力，让学生用专业经验把观念世界和生活世界联系在一起；第三，建筑教育并非仅让学生获得特定的知识，而是培养一种具有建筑学特征的自我学习能力，以便让学生在今后多样的职业实践中，运用建筑学的知识背景去创造性地解决问题。

同济大学建筑与
城市规划学院 C 楼
BUILDING C, CAUP,
TONGJI UNIVERSITY

项目名称
同济大学建筑与城市规划学院 C 楼
项目地点
同济大学本部校区，上海市四平路 1239 号
建筑师
张斌、周蔚 / 致正建筑工作室
景观顾问
周向频
建设单位
同济大学
施工单位
上海润马建筑工程有限公司
设计时间
2002.02 – 2004.05
建造时间
2002.12 – 2004.05
建筑面积
9 672 平方米
基地面积
4 140 平方米
占地面积
1 485 平方米
结构形式
钢筋混凝土框架，部分钢结构
建筑层数
地下 1 层，地上 7 层，机房 1 层
主要用材
清水混凝土、透明氟碳水性涂料、抛光不锈
钢板、钢板网、型钢、铝材、平板玻璃、U
型玻璃、木材
摄影
张嗣烨

C 楼作为学院主楼的扩建，主要用于科研和研究生教学，用地局促，西侧紧邻学院主楼，北侧紧靠校园围墙。建筑师将这栋新楼的显现理解为对这一校园边角沉默基地的隐匿潜力的揭示，试图重新确立它与校园、主楼及城市的关系。

空间被理解为一种流动的连续体，设计试图突破服务空间与被服务空间的静态关系，使交往空间成为空间构成的主干，而功能空间与它之间呈现一种动态的"即插式"关系。C 楼的核心是居中贯穿东西的连廊系统，其中包含了一部贯穿二至七层所有工作楼面的直跑楼梯，以及一系列上下贯通的光井。作为主体部分的研究工作单元布满连廊南侧三至七层的所有楼面。导师工作 / 机动工作单元和交通 / 服务单元被插接在连廊北侧的不同高度上，之间是三个叠加虚空（地下室和三层的室内绿化中庭，以及七层的屋顶花园），它们在北侧拥有一面共同的透明玻璃外皮。南侧架空部分引入叠水及阶梯式下沉花园，为地下展厅提供了盎然生机。南北方向的大尺度公共空间的套叠使空间尺度与方向产生剧烈变异，并使内部与外部纠缠在一起，而建筑成为整个环境的过滤器。

为了与环境互动并清晰地表达其内部的组织机制，设计刻意回避了外在立面形式的统一性，转而寻求内在空间的可视性及表皮材质的表现力。不同的空间类型在立面形式和质感上得到清晰的区分，并使建筑的各个表面回应基地环境的不同影响。

上图：南侧入口
下图：三层中庭
右页：东立面

上图：北立面
左下图：区位图
右下图：七层屋顶花园

左上图：室内主楼梯
右上图：七层连廊
下图：剖面图

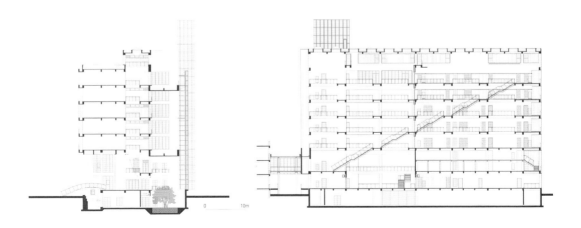

同济大学浙江学院
图书馆
LIBRARY, TONGJI ZHEJIANG
COLLEGE

项目名称
同济大学浙江学院图书馆

项目地点
浙江省嘉兴市同济大学浙江学院

建筑师
张斌、周蔚 / 致正建筑工作室

主持建筑师
张斌

项目建筑师
陆均（方案设计）、袁怡（初步设计＋施工图设计）、王佳绮（室内设计）、何茜（景观设计）

设计团队
李姿娜、王瑜、黄伟立、毕文琛、刘莉、叶周华、顾天国、仇畅、石楠、李晨、黄瑂、游斯佳

设计单位
同济大学建筑设计研究院（集团）有限公司

建设单位
同济大学浙江学院

施工单位
浙江嘉兴福达建设股份有限公司

设计时间
2008.12 – 2013.12

建造时间
2010.08 – 2014.10

建筑面积
30 840 平方米

基地面积
13 015 平方米

结构形式
钢筋混凝土框架剪力墙结构

建筑层数
地上 10 层，地下 1 层

主要用材
透明水性氟碳涂装清水混凝土 / 黑色抛光混凝土、干挂花岗岩石材、平板玻璃、烤漆玻璃、镜面不锈钢板、穿孔镜面不锈钢板、烤漆铝板及铝型材、型钢、PVC 膜材、水磨石地面

摄影
陈颢、苏胜亮

图书馆位于浙江学院校区东西向主轴线正中的一块由环路围绕的圆形场地上，西侧正对校园主入口，南侧及东侧有河道蜿蜒而过，并通过两座桥梁与对岸相连。图书馆在校园规划中的核心位置以及它所需的体量决定了它是整个校园中唯一的"纪念物"，而这种纪念性将使它支撑起这个校园的空间结构。图书馆的体型被定义为一个完整的立方体，如一颗方印落在校园的中心位置，以"独石"的姿态嵌固在圆形的微微隆起的场地中，只有西侧的主入口前厅以及东侧盖住后勤入口的室外草坡及小报告厅从独石中伸展出来。

图书馆的方形体量是由南北两侧相对独立的两栋板式主楼和它们之间的半室外开放中庭组成的。中庭的底部从地下层至三层横亘着一条由一系列大台阶和绿化坡地组成的往复抬升的地形化的景观平台，平台沿东西方向伸展，将门厅、咨询出纳、大小报告厅、展厅和低层的综合阅览空间等主要公共部分组织在一起。这个半室外中庭既能经由西侧架在水池上的主入口通过门厅到达，又可从东侧延伸到河边桥头的室外绿坡直接走到二层平台自由进入。景观平台的上方，在东西两侧的不同高度分别设置了数组斜向四边形断面的透明或半透明管状连接体，联系南北两侧，内部布置为电子阅览区或会议、接待空间。建筑内部深处的中庭空间因此维持了足够的开放度，既串联了建筑内外，又在建筑内部提供了依托于中庭体验的多种场所空间。

上图：鸟瞰图
下图：地下展厅
右页：东南侧外观

对页上图：东侧外观细部
对页下图：东立面细部
上图：中庭

建筑沿垂直方向分为三大功能区：一至三层及地下层的公共部分；四至八层全部为复式开架的专题阅览部分；九层、十层分别为研究室和社团活动室，以及带有空中庭院的校部办公室。地下层在南北两侧与圆形土丘相接处设置了通长的下沉采光及通风庭院，以改善地下室的气候条件。开放式中庭顶部设有电动开闭屋盖，借由"烟囱效应"有效控制中庭内的空气流动，增进整个建筑内的自然采光通风，同时保证了中庭内部的气候可控。设计意在通过对开放式中庭和立体景观系统的设置，在建筑中实现一个形态立体化、功能多元化的绿色生态环境和公共交流空间。

立面与材料处理延续了建筑整体上简洁与复合并举的特征。东西立面为暖灰色的石材幕墙与石材百叶的组合，使实体的山墙面与中庭的半透明围护面相统一；南北立面除东西两侧包裹空调机平台的扩张铝网板外，其余都是带有水平不锈钢遮阳板的玻璃幕墙；开放式中庭上空悬浮的南北连接体量外包不锈钢板或玻璃；地形化景观平台的侧墙采用手工抛光的黑色混凝土，并与黑色水磨石的台阶、平台铺装相统一；室内的核心筒和柱子等结构构件均为混凝土的真实表露。

左页：中庭
右页：公共部分

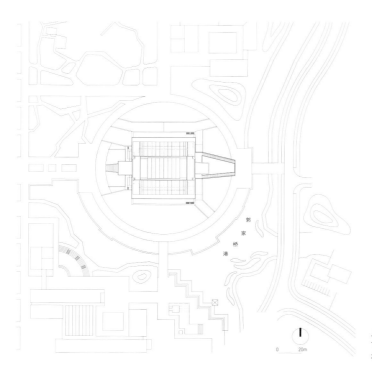

上图：公共部分
下图：总平面图
右页：专题阅览部分

0   20m

同济大学中法中心
SINO-FRENCH CENTER,
TONGJI UNIVERSITY

项目名称
同济大学中法中心

项目地点
同济大学本部校区，上海市四平路 1239 号

建筑师
周蔚、张斌 / 致正建筑工作室

设计团队
庄昇、陆均、王佳绮、谢菁

项目业主
同济大学

施工单位
浙江华升建设集团有限公司

设计时间
2004.03 – 2006.10

建造时间
2004.12 – 2006.10

基地面积
9 204 平方米

占地面积
3 142 平方米

建筑面积
13 575 平方米

结构形式
钢筋混凝土框架，部分钢结构

建筑层数
地下 1 层，地上 5 层，机房 1 层

主要用材
耐候钢板、无机预涂装水泥纤维板、清水混凝土、型钢、铝材、平板玻璃、木材

摄影
张嗣烨

同济大学中法中心位于校园东南角，西临校园内现存最老的建筑物"一·二九"大楼和"一·二九"纪念园，南侧为运动场，东侧紧靠四平路。基地西北角为保留的旭日楼，其南侧正对西面"一·二九"纪念园有一片水杉林，基地内另有九棵散落的雪松、梧桐、槐树、柳树等需要保留。

建筑师从项目本身所具有的多层面的交流性入手，提出了一个"双手相握"的图解，利用这一图解的潜在二元并置结构来组织整个建筑的相关系统，以达成一个和而不同的整体。这个图解既是对建筑内部功能和流线系统的抽象，又源于场地条件对建筑体量的挤压和拉伸，同时也是对中法两国文化的差异并存的关照。

整个建筑分为既分又合的三个部分，分别用于教学、办公和公共交流。南北两条进深相同、由曲折连廊串联大小使用空间的教学、办公单元互相穿插后，分别从空中和地下结合到最北端的公共交流单元。不规则的体量转折和穿插既最大限度地使九棵大树和水杉林得以保留，又创造了丰富多变的室内外空间，使巨大的体量消解于细腻的环境中，同时绝大部分使用空间仍保持规则形状。教学、办公单元的共用门厅位于它们上下穿插的虚空部分，通透高耸，强化了两者的穿插关系。公共交流单元另设一个独用门厅，并将地下的展厅、南侧的屋顶水池、下沉庭院和二层的报告厅联系起来。

本页：教学单元室内局部
右页：西南侧局部

上图、左下图：东南侧外观
右下图：西侧外观
右页：下沉庭院

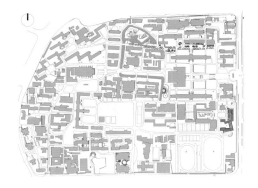

三个不同单元采用不同的材质组合、色彩和构造做法来建构。教学单元用自然氧化的耐候钢板包裹网格状立面，均质的网格中开孔和玻璃微妙地变化；办公单元用轻质混凝土挂板覆盖立面，规则条窗和不规则条窗分别为办公室和走廊提供光线；公共交流单元是轻质混凝土挂板和耐候钢板的混合立面，外表皮为轻质混凝土挂板，大尺度开口部位为耐候钢板。这样的两种色彩和材质成为中法不同文化传承的视觉表征。

相互耦合的空间体量与环境的互动形成了丰富多变的外部景观。保留的水杉林被办公单元、公共交流单元及旭日楼围合后成为建筑的入口庭园，并与"一·二九"纪念园一起，形成校园中一个重要的公共开放空间。建筑两个单元穿插处的屋顶水池和下沉庭院既丰富了景观层次，又使建筑本身成为纪念园空间和四平路城市空间的中介。南北单元在基地南部围合出另一个相对内向私密的绿化庭院，为师生提供一个安静的交流场所。这一庭院由透明的门厅与北侧水杉林园建立视觉联系。

柳亦春 LIU Yichun

1969 年出生于山东海阳
1991 年获同济大学建筑学学士学位
1991—1994 年就职于广州市设计院，任助理建筑师
1997 年获同济大学建筑学硕士学位
1997—2000 年就职于同济大学建筑设计研究院，任建筑师、主任建筑师
2001 年在上海与陈屹峰、庄慎共同创立大舍建筑设计事务所
2001 年至今任大舍建筑设计事务所合伙人、主持建筑师
1969 Born in Haiyang, Shandong Province, China
1991 B.Arch from Tongji University
1991-1994 Worked at Guangzhou Architectural Design Institute
1997 M.Arch from Tongji University
1997-2000 Chief Architect of the Architectural Design Institute of Tongji University
Co-founder and Principal Architect of Atelier Deshaus from 2001.

陈屹峰 CHEN Yifeng

1972 年出生于江苏昆山
1995 年获同济大学建筑学学士学位
1998 年获同济大学建筑学硕士学位
1998—2000 年就职于同济大学建筑设计研究院，任建筑师
2001 年在上海与柳亦春、庄慎共同创立大舍建筑设计事务所
2001 年至今任大舍建筑设计事务所合伙人、主持建筑师
1972 Born in Kunshan, Jiangsu Province, China
1995 B.Arch from Tongji University
1998 M.Arch from Tongji University
1998-2000 Architect of the Architectural Design Institute of Tongji University
Co-founder and Principal Architect of Atelier Deshaus from 2001.

大舍（柳亦春 + 陈屹峰）

DESHAUS（LIU Yichun + CHEN Yifeng）

柳亦春◎当代建筑面临的最主要的挑战其实都来自于人类自己的野心。环境问题、社会问题等都来自于人类的野心,我们制造问题,然后又想通过别的方式解决问题。建筑学的边界在哪里并不取决于建筑学,而是取决于我们的内心。

陈屹峰◎一方面,当代建筑愈来愈被纳入生产和消费这一快速循环之中,建筑设计不断受到消费主义文化和享乐主义意识的侵蚀,建筑师大多专注于玩弄形式,建筑作品普遍缺乏精神尺度,更不用说对社会现实的批判了;另一方面,对资本和技术推动下日益加快的生产和生活方式的变革,当代建筑学难以作出主动且有效的回应,在社会发展的推进过程中逐渐被边缘化。

大舍
柳亦春 +
陈屹峰

陈屹峰◎如果仅以这两极来给建筑师定位,自己应更偏向地方性一些。不过究竟应如何把握目前中国或者缩小到江南区域的地方性,值得探讨。但不管如何,地方性在建筑设计作品中应该是自然流露,而不是被刻意表达。

柳亦春◎我们早已无时无刻不处于全球化的漩涡之中,全球化和地方性也不再是两极的关系,事实上全球化也会再造一种地方性。从我们接受建筑教育的第一天起,现代主义就把全球化的背景抛给了我们,我们就是在这样的背景下成长、工作的建筑师,抵抗还是拥抱会随着具体地点、具体事件的不同或隐或现。建筑师的文化身份和他具体工作的呈现有关,这是评论家的事情。建筑师唯有把握具体事件的内在价值才能在文化上有所作为,从这一点上讲,我尊重每一个具体的地点,尊重每一段细微的历史,尊重每一个个体的人。

李翔宁◎请简要描述一下您作品中最重要的元素或特征。

柳亦春◎我希望通过每一次深层的整合，能将外在的条件吸收为建筑内在的要素。在这里，建筑的结构和表皮都有可能扮演非常重要的角色，但总体而言，建筑的结构如何去联结具体的场所和具体的人是一条重要线索，有关心灵与土地是建筑面临的永恒追问。

陈屹峰◎希望自己的建成项目能具有让人产生认同感和归属感的场所经验。作为对我们所面临的当代状况的回应，这种场所经验同时也指涉与渗透性、透明性、不确定性和适应性相关的新的意义。

李翔宁◎从您的角度，怎么看当代建筑教育的发展走向？

陈屹峰◎当代建筑学的外延不断在扩展，给建筑教育带来巨大挑战。建筑教育除了应从形式操作和设计思维两个方面训练学生之外，我觉得还须帮助他们建立一个明确的建筑价值观。只有这样，当学生们面对形形色色的建筑作品和错综复杂的建筑现象时，才能进行有效的价值判断，他们自己的设计也会超越对课题的策略性回应和对直觉的自发性表达，进而企及一个更高的层面。

柳亦春◎当代的建筑教育可能会越来越走向通识教育，在完成建筑最基本的技能训练（如绘图训练、空间配置训练、形式训练、构造训练等）之外，其他的教育内容应该呈现更为开放包容的格局。

龙美术馆（西岸馆）
LONG MUSEUM (WEST BUND)

项目名称
龙美术馆（西岸馆）

项目地点
上海徐汇区龙腾大道

设计团队
柳亦春、陈屹峰、王龙海、王伟实、伍正辉、
王雪培、陈鹍

结构机电
同济大学建筑设计研究院（集团）有限公司

委托机构
私人

建筑面积
33 007 平方米

设计时间
2011.11 – 2012.07

建成时间
2014.03

摄影
苏圣亮、陈颢、夏至、Allan Crow

龙美术馆西岸馆位于上海市徐汇区黄浦江边，基地曾经是运煤的码头。场地中有一座保存下来的 20 世纪 50 年代所建的煤料斗卸载桥（尺寸约为：长 110 米、宽 10 米、高 8 米），同时有两年前已施工完成的两层地下停车库，因而这是一个改建项目。它所面临的建筑问题是如何将一个车库的空间转换为展览的空间，并在现有的结构柱网下，营造上部新的建筑空间。它面临的城市问题是，新建筑的介入将以怎样的方式在完成城市更新的同时，去回答和场所相关的文化与自然的延续性问题，以及借助一个美术馆，我们可以为城市营造怎样的公共空间？

新的设计采用独立墙体的"伞拱"（Vault-Umbrella）悬挑结构，呈自由状布局的剪力墙插入原有地下室并与原有的框架结构柱浇筑在一起，地下一层的原车库空间由于这些剪力墙体的介入转换为展览空间，地面以上的空间则由于"伞拱"在不同方向的连接产生了多重意义的指向。

机电系统都被整合在"伞拱"结构的空腔里。地面以上的"伞拱"覆盖了一个方形的场地，形成了室内的空间，室内的墙体和天花均为清水混凝土的表面，它们的几何分界位置是模糊的，因而形成了非常独特的具有某种庇护感和自由感的空间体验。这种体验是能够跨越文化差别的，它构成了空间公共性的一部分。

上图：地下一层古代一层展厅
下图：半地下艺术展厅
右页：一层当代艺术展厅

上图：东南立面
下图：去江边的小道

结构、机电系统与空间意图的高度整合形成了一种"直白"的架构，它构成了这个建筑在材料、结构和空间上的直接性与朴素性，它和基地里现存的煤料斗卸载桥是可类比的结构，新建筑以这样的方式建立了它和既有场地的工业特质在时间与空间上的接续关系。

地面以上的清水混凝土"伞拱"下的流动展览空间更适合进行当代艺术的展览，地下一层传统"白盒子"式的连续展览空间则适合现代艺术和古代艺术展览，它们由一个呈螺旋回转、层层跌落的阶梯空间连接。既原始又现代的空间和古代、近代、现代直到当代艺术的展览陈列，这种并置的张力，以另一种方式呈现出具有时间性的展览空间。

美术馆本身也不再是封闭内向型的空间模式，美术馆功能空间的配备，也更多地容纳了艺术品研究、书店、图书馆、艺术品商店、餐厅、咖啡厅、培训教室等更具开放性、更具公众参与性的公共空间。这些空间被直接配置在美术馆的外部，与保留的可穿越的"煤料斗"公共空间、二层的庭院以及连接滨江步道的天桥组织在一起，成为城市公共空间的一部分。

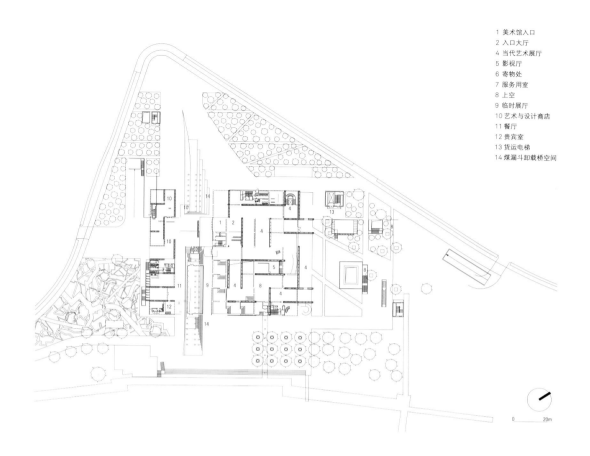

0   20m

上图：一层平面图
下图：剖面模型

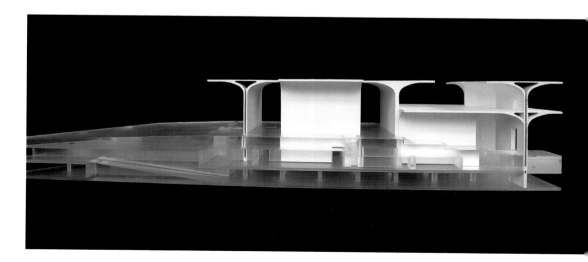

上图：半地下艺术展厅
下图：地下一层当代艺术展厅

螺旋艺廊 I
SPIRAL ART GALLERY I

项目名称
螺旋艺廊 I

项目地点
上海市嘉定区天祝路

设计团队
柳亦春、陈屹峰、范蓓蕾

结构机电
上海建筑材料工业设计研究院

委托机构
上海嘉定新城发展有限公司

建筑面积
250 平方米

设计时间
2009.09 – 2010.02

建成时间
2011.06

摄影
姚力、张嗣烨、舒赫

项目基地位于上海郊区，设计初始，周边近于荒芜，不远处几栋高层建筑和周边道路正在施工，基地所在的嘉定新城内名为"紫气东来"的中心公园的景观设计及施工也在同步进行。建筑在未来会处于一片树林之中，虽然现在还是荒地，但建成时就会有很多大树被移植到其周围。在当下的中国，建筑和环境，都是一个同步再造的过程。

项目的设计是对建筑和环境的整体想象。建筑未来的使用功能具有较大可变性，同时周边环境尚存于关于图纸的想象中，因此设计初期确认了两点策略：一是设计一个灵活的空间，二是假想一种建筑与环境的关系。后者在不知不觉中占据了优先地位。

一个圆润的完形被一道螺旋侵入，观者被带入私密并具有某种原始感的内部空间。室内空间在逐渐向内卷入的过程中，由开放变得私密，最终进入核心的内院空间，外部世界在此只能通过高处的树梢被感知，心情也由跌宕归于平静。

上图：俯视内院
下图：内景
右页：台阶

平面上，两条螺旋线向内卷入，由于相互的游移，在内外的螺旋线之间产生了宽窄不一的连续空间，也由此完成了几处可能的空间限定。所有设想中的服务空间则被布置到卷至核心的封闭螺旋线墙体之间，包括卫生间、厨房、储藏室、小卧室或办公室等。外部的螺旋空间则被解放出来，给未来的功能留下多变的可能。如此两道螺旋的线也产生了两个反向螺旋空间的咬合，这两个螺旋空间一个在建筑内部，一个则在建筑的外部，即屋顶，于是形成了一个完整连续的空间，终点又回到了起点。

螺旋图示的介入是先入为主的，它既建立了空间骨骼，也产生了一种从风景中进入建筑的方式。观者可以直接进入室内的环形空间，也可以先上到稍高处的屋面，再转入内部核心的小庭院，在看风景的视点、视角和视高不断发生变化的过程中进入建筑。这里会有游弋的愉悦，这种愉悦产生于开放与封闭空间的交替节奏以及被有意拉长了的路径中，这是一种被抽象了的园林方式。在这里，看风景，也就是进入建筑的方式。建筑终因风景而存在。

1 展廊
2 工作区
3 办公室
4 设备间
5 厨房
6 卫生间
7 储藏室
8 内院

左页：北侧外景
上图：黄昏外景
左下图：模型图
右下图：一层平面图

0   5m

左图：楼梯

右图：庭院

右页：仰视庭院

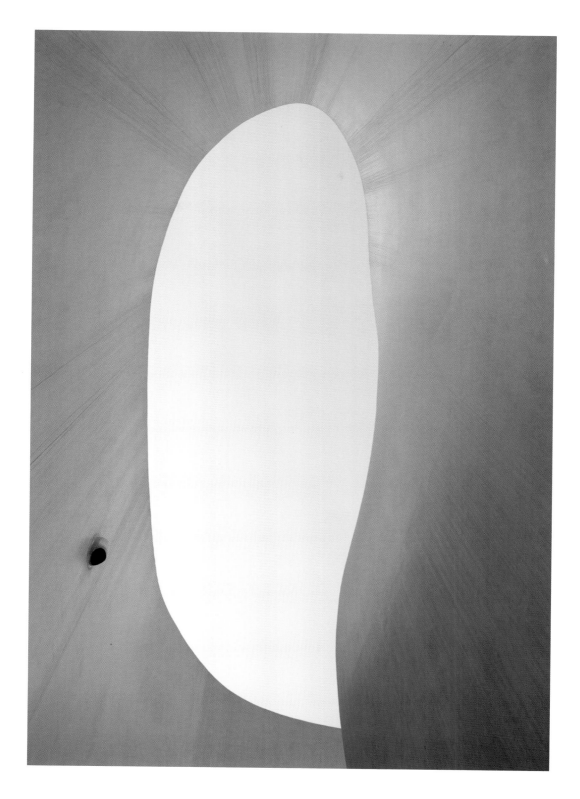

夏雨幼儿园
XIAYU KINDERGARTEN

项目名称
青浦新城区夏雨幼儿园

项目地点
上海市青浦新城区华乐路

设计团队
陈屹峰、柳亦春、庄慎、范敏姬

结构机电
同济大学建筑设计研究院

委托机构
上海市青浦区住宅发展局

建筑面积
6 328 平方米

设计时间
2003.08 – 2004.04

建成时间
2005.01

摄影
张嗣烨

夏雨幼儿园的基地位于青浦新城区的边缘。从大的地域特征来看，青浦是上海周边几个卫星城镇中仍然保留着一些江南水乡民居的区县之一，但青浦新城区完全是在一片农田中建设起来的，与青浦老城区有着相当的距离。因此幼儿园所在的区域已经丝毫感觉不到地方建筑所能给予的影响，基地周边一片空旷，连传统意义上的城市感受也不存在。倒是基地东侧的高架高速公路及西侧的河流对设计产生了决定性的影响。高架高速公路是潜在的废气和噪声源，但也提供了以不同的视高和在不同速度的运动中来观察建筑的可能。河流是良好的景观资源，但也须考虑儿童的安全防护及建筑在水边的姿态。

因此，幼儿园的设计强调"内""外"有别，通过边界的确立来适度隔离"内""外"，创造出"内""外"的差异。内部领域是受保护的，而外部环境是被筛选的。

幼儿园总共有 15 个班级，每个班都要求有自己独立的活动室、餐厅、卧室和室外活动场地，在给定的狭长的用地内，排列开来就是非常长的一条。就既定的基地而言，一个柔软的曲线形边界可能会比直线更容易和环境相融合，于是建筑师将 15 个班级的教室群和教师办公及专用教室部分分为两大曲线围合的组团，分别围以一实一虚的不同介质：班级教室部分的曲线体是落地的实体涂料围墙，办公和专用教室部分是有意抬高并周边出挑的 U 型玻璃围墙。

上图：西北外景
下图：一层屋面
右页：西侧外观

上图：东侧外景
中图：轴测图
下图：一层屋面
右页：西侧外景

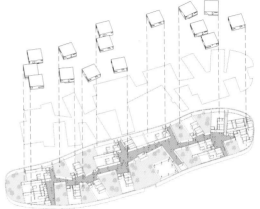

在班级单元的设计上，活动室因为需要和户外活动院落相连而全部设于首层，卧室则被覆以鲜亮的色彩置于二层，卧室间相互独立并在结构上令其楼面和首层的屋面相脱离，强调其漂浮感和不定性，这种不定性以及恰当尺度的相互分离带来一种看似随意的集聚状态，空间因而产生了张力。每三个班级的卧室以架空的木栈道相连，这些卧室如依依不舍的村落般友好和亲切。

当高大的乔木植入各个院落时，建筑在空中被化解，而最终的建筑形象也因这些树木而生机勃勃，两者相得益彰，共同栖息在这狭长的小河边。

上图：内院
下图：东侧外景
右页：内院

李翔宁◎今天借着《同济八骏》的出版工作，跟各位聊一些话题。李麟学和李立虽然是学院的老师，其基本工作方式和小型独立事务所还是有所不同，也参与了很多设计院的大项目。在不同的身份之间，大家怎么给自己定位？以及如何思考当下的一些理论问题和热点问题，在实践当中不断自我提高？我想请各位从这几个角度来谈一谈。

李麟学◎从 2000 年开始，我这样的混合型身份持续了挺长时间，一边是学院的教学与研究，一边是与设计院紧密结合的麟和建筑工作室的运作。十几年的时间里自然而然形成一种持续的模式，可以兼顾到研究性和实践性两个方面，所以我自己的定位是"基于研究的实践"（research based practice）。

在相对复杂的社会和建筑系统里，设计院的平台优势非常强。对于一些大型的、复杂类型项目的运作，设计院的系统和技术支撑是必不可少的；另一方面，从学院的角度来讲，我把自己的工作分成知识生产和建筑生产两部分，这两部分有很强的反哺和互补作用，学术研究可以很快在实践中转化出来，反过来实践可以给学术研究提供一些新的反馈和推动。我还是比较享受这两个身份之间的自如转换。

任力之◎我的工作模式比较复合：以职业建筑师工作状态为主，兼职研究生的教学工作，同时还有一些课题研究，这大概与我所在的同济大学建筑设计研究院兼具国内大型建筑设计院与学校研究机构的特征有关。记得在一次讨论会上，李翔宁老师提到同济院项目的特点之一就是"大"，这的确是国内大型设计院的普遍状态。见证中国三十多年经济的高速增长，最能反映当代中国城镇面貌的变迁特点莫过于各地涌现的兼具技术复杂性、功能综合性与时间紧迫性的"大"项目，而这些项目基本上是由"大"设计院为主承担设计。就我接触到的项目而言，单体规模甚至有超过 100 万平方米的"巨型建筑"。客观地讲，中国大型工程建设与设计水平进步很快，这与设计企业的不懈努力密不可分。然而，中国建成环境的进步不能仅仅依靠建设规模，以量取胜。我们也必须充分意识到建筑品质的重要性。不管是从建筑的本体意义，还是从其再现性和象征性来看，当代中国建筑确有很多地方值得总结与反思。其实，建筑业规模的迅猛发展与建筑学本体意义的探索并非水火不容，关键是我们持什么样的态度来对待。就个人而言，主动聚焦这方面的思考，积极应对社会、经济发展的挑战，探索高技术难度"大项目"的学术创新与文化性，势在必行。与此同时，近年来自己也不

对谈

李麟学 +
李立 +
任力之 +
曾群

断涉足"小项目",如数千平米的世博会展馆、小型历史陈列馆,等等,深入诠释建筑的物质环境、形式意义及其内在复杂性。置身于"大"与"小"的尺度转换,不亦乐乎。

李立◎ 我跟李麟学老师有类似的地方,但是个人经历又不太一样。我跟同济设计院的合作是一个偶然的机遇,这种合作延续下来导致我在项目选择上有些被动,最终形成目前以博物馆创作为主的状态。

但从另一方面讲这也是我主动选择的过程。我选择文化建筑这个领域,主要是觉得跟自己建筑学教师的角色定位可以有很好的衔接。文化建筑因为跟历史、社会有更多的关联,较少受到市场和业主的干扰;可以跟自己的兴趣以及我指导的研究生课题形成一个良好的结合点。当然跟我们工作室的状况也有关系。我们工作室规模比较小,只有少数的固定员工,研究生承担了相当一部分的工作。我不希望让研究生接触过于商业性的项目,所以主动选择文化建筑,希望研究生的研究和所学能在一个相对"清洁"的环境中进行。

此外,大设计院有综合性的执行力,所以我们的大项目始终坚持跟同济设计院合作,而小项目倾向于找一些小设计院合作。小项目产值小,通常无法调动院里的积极性,但小设计院就比较重视和积极,有影响力的项目可以提升他们的声誉。所以我跟谁合作要综合判断,目标都是为了有更好的成果,让项目有更好的落地完成度。

曾群◎ 我们这些年一直在做一些改变。国内大型设计院,跟很多国际性的大型商业事务所有类似的情况,很多国家性质的或者跟城市快速建设、大规模发展相关的项目都会落到我们头上,当然也有一些商业竞争方面的压力。但同时也有一个主动选择的过程,也希望能够关注一些小型的或比较值得探索的设计,所以我们有一个团队叫"创作组",来做有关建筑学和建筑本体的研究。为什么大多数人都不愿意做小建筑? 当然是因为投入和产出不成比例,需要用其他方面的产出来弥补这部分。

李麟学老师可能是从教学研究理论慢慢往实践走,我的路正好是倒过来走,我们一开始做的大多是商业设计,然后才有一些小型项目和研究,慢慢往回走。这两条路,希望能够在某个地方汇合。而我所谓的往回走,也不是真正地往回走,另外一条路还要继续走下去,因为这是中国的一个现实。我认为往回走的这种方式可以对另外一条路有益，希望两条路都能够走好。所以现在我们有很多设计研究，会不自觉地在大型建筑、公共建筑里面尝试，大建筑跟小建筑是相通的，是可以互相借鉴的。比如我们在做主题馆的时候，手法其实是从一个很小的建筑里得到的启发。

李翔宁 现在普遍认为中国建筑经过近 30 年的快速发展，现在进入一个慢慢减速和调整方向的过程中。院校也好，设计院也好，未来要如何应对这样的挑战和机遇？从各位自身发展来说，哪些新的方向值得去探索，以应对这种局面？

李麟学 我试着分析一些当前的变化。首先，类比二战之后现代主义在欧洲诞生的土壤，今天会不会有一种新的现代性或者新的建筑潮流出现，我认为是值得去思考的。今天建筑实践关注的话题越来越多，建筑学的范畴已经变得非常大，比如能源危机、气候变化、社会公平，等等，我自己非常关注这些方面，不关注就没有话语权。对于建筑师来说，这可能是新的外部挑战和推动。其次，当代技术的进步非常重要，比如数字化工具、环境、材料与智能化的工具等飞速发展，某种程度上讲，我们比以前能做更多复杂的设计，变得更强大。最后，传统意义上的建筑人才需求在下降，这是我们城市化到一定程度以后必然的趋势，这使得建筑师和学生的未来知识架构、应对职业问题、扩展社会议题的能力变得越来越重要。

因此，建筑师如何适应这样的转变，用什么样的理论体系和方式去转化这些外部动力和内在手段，对于建筑教育和实践还是蛮重要的。ETH 教授有一本书关于"基于实验的建筑"（AKOS Moravanszky, *Experiments: Architecture Between Sciences and the Arts*），它不仅关注实验性建筑，更重要的是提到建筑学发展到今天，建筑学的议题越来越依赖于实验，这种实验是科学的、技术的和社会介入的。这些对于我们的实践和教育都提出了新的挑战，也将提供更多的新机会。比如我们在 2015 年出版的《设计应对雾霾》，就是想看看在这种社会议题面前，建筑师会做些什么、能做些什么。虽然这些未必能马上反映到自己的设计实践里面，但是其中很多想法和实验会给设计和教育系统带来一些推动。

任力之 现代社会的发展与进步，使得人们在很多方面拥有了越来越多的可能性：物质情趣、技术手段、思想权利，等等。从某种程度上来说，人们似乎已经非常富足。但反观当今社会，碎片化现象制约和影响着人们的现实生存境遇和存在价值，人们以一种"轻重量的社会姿态"取代了深思熟虑，反而自我迷失，好像又变得一无所有。时代如此，建筑领域也类似：今天建筑思潮、技术手段、建造能力与建设标准的"高调"，与大量建筑师和建筑设计企业从业状态的"低迷"形成巨大反差；建筑创作的看似热闹繁华，与深邃而逻辑思考的缺失并存；传统设计公司大而全的一体化设计管理，与网络时代设计力量的互联网模式，则以不同的方式证明各自的存在价值。建筑设计似乎需要主动或被动地在人类社会自身制造的困局中重新定位。

除此之外，"无往不利"的技术进步已使许多传统行业面目全非，无视事物内在本质的技术革新，其颠覆性让人始料未及。其无所不能的改造力将如何改变建筑领域的生态环境、价值观与审美观，我们拭目以待。如何平衡技术进步与人性最基本的自我实现的矛盾，同样值得我们深思。

曾群◎我们经常说建筑最近这几年开始要（所谓的）衰败，但其实也还没有见到衰败迹象。只不过以前是过分繁荣了，往下回落的时候肯定会带来行业的重新洗牌。所以大家的建筑项目少了，建筑设计量少了。但实际上，我认为这个东西对建筑学并不会产生太多的影响，反而会让建筑学这个词语回到一个更根本的性质上。

讲任何一个议题都必须放在一个语境之下，如果我们回过头来想 20世纪 80 年代初期，文学在中国火得不得了，为什么现在都衰败了？文学衰败了吗？没有。从历史语境来说，这两千多年从来就没有衰败过。其实建筑学也是。前两个礼拜有一个论坛上提到以后还会有建筑师这个职业吗？我说建筑学已经存在了两千年了，而且会永远存在着，还会有两千年，总会有人去做这个事情。从建筑学理念来说完全没必要太悲观，只是这个职业它可能会受到一些影响。留下来的是真正热爱建筑的人，自然愿意做这些事情。就像现在的小说，要是不热爱文学，或者没有水平的话，也不会去写。所以，我觉得建筑学意义是不会衰败的。

但是怎么去应对这种环境和状态的改变？环境还是非常重要的。不管是企业或是个人，得弄清楚在这个环境之下，你是被裹挟着往前走的一类人，还是自己主动选择的一类人，或是愿意接受挑战往下做的一类人。我并不认为退出就是弱者，也不认为转型的人就是强者。譬如从建筑转到互联网的人好像是一直跟着时代在走，我恰恰有不同意见，他们从前到现在都是被时代裹挟着往前走。建筑学是一个历史、文化、社会等各方面背景都非常深厚扎实的学科，这个学科很有前途，绝对不是马上会被历史抛弃掉的一个门类或职业。所以我对建筑职业方面是乐观的，从宏观上来说肯定是会有冲击，但接下来会进入一个更加良性的发展过程。

李立◎我的实践从 2007 年开始，到现在才 10 年，也就是说我不算是这 30 年变化的亲历者。任老师作为过来人对这个变化有更准确的判断，而我可能更多地基于实践和教学的角度来补充几点看法。

一方面是要检讨关系，把建筑学仅仅当成一个学科，还是把它理解为一个产业的背景？目前专业内分工越来越细，建筑师的建筑实践变成很末端的工作，前面都已经完成了，按照划定的角色去做就行了。但这里有一个问题，核心的产业例如钢材、水泥、混凝土已经产能过剩了，而末端的反应还有点迟钝。学生也是，他可能局限于建筑学那个小圈子，不知道产业背景下的每一样东西。我觉得需要重新检讨这个关系，目前一些小型事务所的实践能够主动介入这个产业链。比如轻型钢结构本来有足够的产能，但潜力没发掘出来，小型事务所就可以介入这种行业，把它整合到建筑实践里面去。

第二方面，我认为需要关注标准的建立。中央现在讲世界一流大学要有中国自己的标准，不能完全跟着国外的排名来。这个标准我就很感兴趣，到底我们是遵从西方的标准，还是确实有中国的标准存在？中国标准是一个虚幻的存在，还是说我们确实可以努力去建构这个标准？建筑界能不能推动中国建筑设计评价标准的建立？

在目前中国大环境刹车调整的阶段，这是我比较关注的议题，一个是关系，一个是标准。

李翔宁◎最后一个话题，各位现在都在同济教书，也同时都在实践。你们觉得同济的建筑学能让大家学到什么？或者说，觉得同济是不是有一种特殊价值观的定位存在？

李立◎从我切身的体验来讲，同济建筑学有自己鲜明的特色。我到同济以后，在这个大环境中学到了很多，对一些事情的态度有很大的转变。同济是一个开放的平台，任何事情都可以探讨、争论，不一定要遵从确定的法则。从我个人经历上讲，东南是一个非常严谨的体系化教育，可以培养学生明确的价值观，但是它的包容度或者说开放度是有限的，个人很容易被一种强有力的共同规则淹没，对于多元价值观的接受会受到抑制。个人如果没有很强的自省能力的话，很容易随波逐流。但是在同济，各种不同的场合大家都敢提不同的意见，这给我很大触动，对我确实是一种鼓励，你可以放开去想各种可能性，不要在火花刚出现的时候就掐掉它。这对我这 10 年实践有很大的帮助，也促成了我在教学中更多地鼓励学生展开多元的探讨。

李翔宁◎也有评论在说同济的风格，从建筑上同济有什么特别的风格？

李麟学◎我一直在同济接受教育和从事教育，大象无形，同济建筑的特征是"大"，有时候很难概括到一种具体的"形"，如果要用一种固定的风格去描述，对同济来说未必是合适的评价方法。同济具有一个相对开放的平台，建筑教育与实践紧密结合，国际化水准也走在前列。在美国有人把哈佛大学建筑学院比作一个"设计超市"，某种程度上同济也有些像这样一个超市，它提供了一个大的系统，学生可以在这个系统里找到自己想要的东西。

现在同济的系统平台也有值得探讨的一些方面。一是感知性，感觉同济学生在人文和心灵感知方面的教育还需要加强，我认为这是建筑学教育比较高级的一个层面，文理分化造成学科知识体系的碎片化，特别不利于学科与学术层面"引领者"的定位与实现。二是深度研究，在大的系统建立以后，学科特定方向的深度研究非常重要。对学生来说，除了在这个大的平台可以自由选择以外，也非常需要知识的深度，同济建筑在这个层面有巨大潜力。三是思考方法，与国际顶尖建筑院校相比，我们在方法体系的培养上还是有差距，这需要跨学科、贯通性、批判性的方法培养与知识体系。如果同济建筑能在大的平台系统上有越来越多这样的"突破点"，会越来越卓越。

曾群◎我们经常把同济跟东南或清华比，我觉得这跟城市还是很有关系的。上海这座城市，除了海纳百川，也是一座工商业非常发达、目的性强的城市。同济早期是建立在实践基础上，后来再反思理论、建立体系的，整个过程跟东南、清华很不一样。同济是以实践为底，反过来再重新审视理论，重新接纳体系。到目前为止，同济也没有建立起一套非常严谨的教学体系，其实在过程中它一直在调整，这也跟东南和清华有很大的区别。为什么同济会有多元化，有很多种不同类型的建筑师诞生？恰恰与它这种价值观是符合的。当年上海就像一个大码头，大家过来都有非常强的目的性，就像一个人到了外地，首先要适应这座城市的变化和发展，等适应了以后再找自己的价值观和体系。这种方式，我认为并没有什么不好，只是路径不同，无论从下往上走还是从上往下走，最后都要两者结合在一起。只是跟比较严谨的体系相比，最后形成的结果不一样，但是整个构架产生的东西是非常有深度的，这一点可以从国外的大学得到验证。欧洲的一些大学更注重体系，美国的大学则可能是非常变化的，它用变化来作为它的价值观。对于这点，我觉得适应现实挺好，没必要过分地苛责自己。

任力之◎这个问题让我回想起20年前同济90周年校庆时的一段往事：当时正着手四平路校门改造设计，动笔之前一直在琢磨"同济建筑风格"的核心究竟是什么。漫步在校园里，有三幢建筑总是令我回味：具有浓厚包豪斯风格的文远楼，现代思想，中西合璧；江南民居韵味的教工俱乐部，空间流动，细部精湛；大礼堂的大跨度拱形联方网架，代表着当时结构技术的前沿。现代性、地域性与创新性思想，在我看来构成了"同济风格"的核心。号称"八国联军"的同济建筑系最初就是由从不同国家学成归来的建筑前辈们组建成立的，国际背景非常强。今年同济大学建成环境学科在QS（世界大学）排名中名次不错，我近几年也参与了QS的评选，情况略知一二。QS投票专家不能为自己所在学校的专业投票，而是推荐其他你认可的国内、国际的大学。这说明同济在国际同行中认可度还是相当高的。

同济建筑教育一贯倡导学生做真实的建筑，营造有意义的空间，反对涂脂抹粉式的虚假设计，这在今天仍然值得首肯；同济建筑教育坚持其与生俱来的批判建筑观，同济建筑前辈们有关的论述与文献是宝贵的精神财富；同济建筑教育还应从文化的技术表达向技术的文化性延伸，展示建筑的持久性。总而言之，我对同济建筑学派的辉煌未来充满信心。

李麟学◎我再补充一点，刚刚讨论同济的一些特征，同济确实具有很强的批判意识，但如果再看一下同济建筑的历史，实际上同济还是有很多主流的渊源。跟其他学校相比，同济现在的平台，具有很强的介入主流建筑议题的能力，比如参与世博会等大事件，同济这种基于实践的整合能力是非常突出的，这在教学与实践上均有优异表现。

曾群◎我认为同济可能就没把建筑学当成一个纯粹的学科，同济建筑学不应该仅仅是几个建筑大师或者很小的圈子。从历届（同济学人）可以看出，他们的社会参与能力非常强，通过实践进入社会的想法非常多。当然有部分人通过实践去赚更多的钱，这也是同济的一个特点（笑）。有时候我跟老外细聊的时候，他们其实非常羡慕我们，他们拼命到中国来是非常希望能参与社会实践，进入实践主流，或者说参与有很大话语权的操作中。我之所以这样说，就是希望我们不要被一些表面的现象给蒙蔽。比如普立兹克奖，我们可能觉得价值观在变化，反过来想想，现在变得更加小众，或者更关注社会，这难道不是另外一种时髦？我们谈论的建筑本体的意义也已经完全扩大化了。怎么样才是一个真正的价值观，也有多元的解释。所以从这一点来说，我觉得同济这么一个不非常严格的教育体系，并不是一件让人很遗憾的事情。

2017 年 3 月 17 日于同济大学建筑设计研究院 202 室

李麟学 LI Linxue

1970 年出生于山东东营

1993 年获同济大学建筑学学士学位

1996 年获同济大学建筑学硕士学位

2000—2001 年入选法国总统交流项目"150 位建筑师在法国"，在巴黎 PARIS-BELLEVILLE 建筑学院学习交流

2004 年获同济大学建筑与城市规划学院工学博士学位

2005—2012 年担任同济大学建筑与城市规划学院副教授、硕士生导师

2014 年获选哈佛大学 GSD 设计研究生院高级访问学者，赴美访问一年

1997 年至今担任同济大学建筑设计研究院（集团）有限公司麟和建筑工作室主持建筑师

2012 年至今任同济大学建筑与城市规划学院教授、博士生导师

2016 年至今任同济大学中西学院学术协调人

国家一级注册建筑师

社会生态实验室 SOCIOECO LAB、能量与热力学建筑中心 CETA 主持人

1970 Born in Dongying, Shandong Province, China

1993 B.Arch from Tongji University

1996 M.Arch from Tongji University

2000-2001 Selected by the Presidential Program as one of the "150 ARCHITECTES EN FRANCE" and studied in Ecole d'Architecture de Paris-Belleville

2004 D.Eng from Tongji University

2005-2012 Associate Professor and Master Supervisor at CAUP, Tongji University

2014 Visiting scholar, Graduate School of Design Harvard University

Principal architect of ATELIER L+, registered architect in Architectural Design & Research Institute of Tongji University (Group) Co.,Ltd. from 1997;

Professor and Ph.D. Supervisor at CAUP, Tongji University from 2012;

Academic coordinator of SINO-SPANISH CAMPUS from 2016;

Director of SOCIOECO LAB&CETA (Center for Energy & Thermodynamic Architecture).

李麟学

LI Linxue

李麟学◎当代建筑最大的挑战与危机在于自身的动力机制，从何处获得持续的创新与发展动能。一方面，当代建筑试图不断强化自己专业与知识的内核，建筑学自身的专业性决定了这一古老学科具有一些不可挣脱的锚点，如空间、结构、形态、材料、建构等核心话语在不断得以重申与强化，建筑师仍需将大半的精力花费在职业实践的事务性与专业性层面，形式与艺术的创造依然被奉为当代建筑的顶峰；另一方面，当代建筑的外部边界正在快速地重构和变化，正如布鲁诺·拉图尔所言，"我们生活在实验室"之中，当代社会的变迁使得边界在可见与不可见间变得模糊，在一个更为复杂的系统中，技术、环境、文化在当代社会凝结成一个巨大的整体，呈现出复杂的、纠结待解的状态，诸如可持续、城乡融合、社会公平等问题使得建筑学不得不拓展自我的边界，狭隘的专业划分往往使得我们在面对复杂系统时缺失了批判性思考与介入的能力。

李麟学

当代建筑正是在内核与边界的双向运动中不断演变，时而迷失自我，时而又强势回归；时而自我封闭，时而又拥抱潮流。放在一个稍长的历史中，我们可以清晰观察到当代建筑的动力机制，如库哈斯所言，"建筑的一只脚跨在三千年历史长河中，另一只脚则跨在 21 世纪里"。实际上，作为当代社会生产的一部分，建筑比以往承载了更大的社会诉求和压力。现代主义的先锋建筑脱胎于英雄主义的社会介入，在当代随着媒体传播的巨大扩展，建筑具有了更多的介入社会的机会，也面临着迷失自我内核的危机。

因此，在当代社会的复杂语境中，重新定义当代建筑的自身系统，通过系统创新与建构的方法，在保持和强化专业内核的同时，通过毫不迟疑的跨学科知识扩展，获得呼应社会大图景的动力机制，从而不断强化核心知识、拓展学科边界，这是当代建筑面临的最主要挑战。

李麟学◎中国建筑和建筑师实际上是在非常短的时间里，从接触到参与建筑全球化的浪潮的。对我自己而言，2000 年的法国访学是我第一次真正接触到具有世界意义的建筑与设计；2005 年《地球是平的》出版，成为全球化的一个宣言，弗里德曼将开放源代码、外包、离岸生产、供应链和搜索技术等描述为铲平世界的动力。而今天的话题集中在，当建筑师在全球范围从事实践（对中国建筑师而言尚是一个单向流入的过程），全球化伴随着建筑策略、工具与形态等的趋同，建筑的独特性与地方性何在？毕竟建筑无法脱离具体的场地、地域、气候和文化。在短短十多年的发展中，建筑全球化的潮流迅疾猛烈，极大扩展了中国建筑师的视野和能力，也提出了极为严峻的挑战、争议与反思。

在我看来，随着全球化的不可逆，这种独特性与地方性会变得愈加重要，正如法国红酒、奶酪与意大利手工制作，这些与特定气候环境和文化紧密相关的物品，变得越来越得到珍视。在建筑学领域，地方性主要来自两个方面：气候和文化。气候是最后的无法被人工化的自然；文化则与当地的历史传统、生活习俗、社会组织等密切相关，更通过人类学意义上的材料文化与建筑的建造紧密关联。在全球化语境下，当代建筑对于在地性的回归不同于弗兰普顿对于批判地域主义的定义，而是更加基于对技术文化的关注。相比于文化的主观性与解释性，我认为通过对气候建构的关注，更能够融合以上层面，体现建筑师在专业实践中的文化身份。在自己的实践中，我将热力学、数字化、材料化看作新建筑革新的三个支点：建立在地域气候与环境参数响应之上的、基于能量流动与新材料建构的建筑，是具有未来范式的建筑方向之一。这既是全球知识系统与生产的一部分，也与建筑师的在地实践紧密关联。

李麟学：具有初始建筑状态的当代建构，以其本体物质系统的组织，以及对于自然的融入，成为自己建筑实践中最为关注的话语，我称之为"自然系统建构"。这一本体论涉及人—自然—城市—建筑系统之间复杂关系的建构，朝向一个人工自然系统的建筑目标：自然是感知的，触动直觉的；自然是文化系统的遗产；自然是技术的应对，是气候、风向、日照这些自然要素内在秩序的塑形；自然是对于可持续建筑议题的响应，自然是一个建筑性能的议程。

在中国城市化的大背景下，自然系统建构可以成为批判性介入的建筑策略与方法。我将其作为对于本体系统（功能—空间—建构）/自然系统（能量—物质—诗意）/社会系统（现实—策略—运作）的创造性整合。

在过量物质化的建筑浪潮中，关注自然系统的反向性操作，反而因其所具有的批判性与策略性，以及对于虚空、公共性、自然元素、被动生态等主题的关注，成为有效介入当代现实的方法，从而具有一种独特的力量。这是对于当代社会系统特征的回应，建筑的消隐弱化与自然的凸显之间形成一个微妙的辩证法。

建造的过程同时是自然的重塑过程，自然系统的破坏与品质衰败，成为中国城市化进程中触目惊心的一环。麟和建筑的设计实践涉及中国快速城市化的进程，大量情况下几乎是从空地展开建筑设计，建筑甚至成为一个城市的起点。自然成为其中无可回避但也最具挑战性的主题。麟和建筑的自然系统建构，在以下主要的层面上展开：建筑尺度的自然参照、建筑介入自然的姿态；对于虚空和多孔城市形态的关注；建筑中自然的感知与诗意；气候与地域特征的提炼；热力学建筑与能量形式化；自然作为建筑中一种生成的秩序等。

从建筑本体的角度来看，这一议程对于公共性的关注成为最重要的议题，尺度、虚空、漫游、触知、材料等关键语汇，构建了麟和建筑基于当代工具和知识体系下的实践图景。

李麟学◎2000 年在巴黎建筑学院的访学，更多接触到现代建筑正统理论、传承、方法与话语下的建筑教育；而 2015 年在哈佛大学建筑设计研究生院的访问学者经历，则使自己近距离接触到全球化语境下的建筑话语和教育走向。美国的经济危机，对于建筑院校教育体系方面的冲击非常大，世界前沿建筑院校的人员、方向、课程设置等方面，都有非常大的转向，对于社会大图景课题的响应，在气候变暖、生态都市主义、热力学建筑、全球城市、数字化工具、性能化转向、智能制造以及跨学科创新等方面，不断思考：学科的边界和核心知识是什么？

同样，在中国当下城市化进程节奏放慢、品质要求越来越高、造价控制越来越严格、建筑人才需求越来越多元化、竞争越来越激烈的背景下，建筑教育即将或正在开始一场革命，以纯粹从事建筑生产为职业目标的传统建筑教育培养模式势必会变革，知识生产的职能将大大加强，跨学科、多视角的合作教学研究模式开始扮演愈来愈重要的角色。当建筑学只关注建筑自身时，根源上的历史营养与创新动力会越来越枯竭，职业的道路实际上会越走越窄。将知识生产与建筑生产的能力贯通起来，是未来的建筑教育人才培养要求。知识生产为建筑生产提供历史与未来的关照，建筑生产将知识生产最大化地加以转化；知识生产应该走得更远，建筑生产则应更贴近系统建构和本土。这既是自己的建筑实践思考，也是对于当代建筑教育发展走向的一个基本判断。

杭州市民中心
HANGZHOU PUBLIC SERVICES CENTER

项目名称
杭州市民中心

项目地点
杭州市江干区富春路 188 号

项目业主
杭州市市民中心工程建设指挥部

项目日期
2003 – 2015

建筑面积
580 000 平方米

建筑高度
110 米

建筑功能
城市建筑综合体、市政办公、商务办公、行政服务、市民服务中心、市图书馆、市青少年活动中心、城市规划展示中心等

摄影
东京 SS 建筑写真株式会社

杭州市民中心是杭州钱江新城最重要的地标性建筑之一。本设计经历了多轮评审，最终在 69 个国际提案中被选为实施方案。

杭州市民中心是由六幢高层与四组裙楼组成的街区建筑巨构，在 400 米见方的超级街区上展开，矗立在北眺西湖、南瞰钱塘江的都市轴线上。杭州市民中心将巨构、摩天楼和垂直景观的建构整合在一起，是对未来城市建筑类型的一次开放型探索。设计提出"都市巨构"的概念，突破了现代主义所倡导的低密度、超高层、开放式的城市形态，在当代城市和人性化尺度的矛盾之间找到某种平衡。

六幢 110 米高的高层塔楼呈圆形环抱，围合出一个 200 米直径的"都市虚空"，构成了城市公共空间的组织架构基础；巨大的建筑体量也因此得以消解和弱化。与其他超高层塔楼的方案相比，此设计在提高交通和空间使用效率的同时，也呈现出更亲近的城市尺度和更亲民的建筑姿态。连接六幢塔楼的 90 米高空连廊，体现了市民中心从单一功能逐渐演变成复合功能的发展历程，不同功能体之间的串联，激发了建筑空间更多的可能性。四座裙楼同形异构，采用更加灵活可变的设计，为图书馆、市民服务中心、青少年活动中心等未来可能的城市服务提供可能。

上图：钱塘江南侧远眺市民中心
下图：塔楼围合下的共享花园
右页：共享花园与塔楼间的公共空间

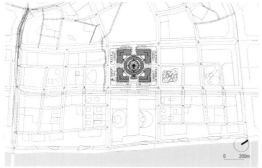

上图：市民中心图书馆
左下图：总平面图
右下图：行政办公部分主入口

市民中心本身的含义被进一步扩展，成为政府办公、市民服务、交通集散等多功能复合的城市综合体，也成为助推新城建设的引擎。在这个层面上，市民中心重构了中国当代新城建设中缺失的公共性。可持续的设计理念贯穿始终，维护结构采用双层玻璃幕墙，在不同季节采取不同的幕墙开闭方式，提高了建筑整体的节能水平，体现出环境响应的思想。

如同西湖是杭州的中心，是一种"空"的形态，杭州市民中心坚持以一个开放式的花园作为群簇建筑的核心，而人将成为建筑乃至城市的中心。杭州市民中心与杭州城市 "同构"的空间关联，形成了精神上的高度契合。

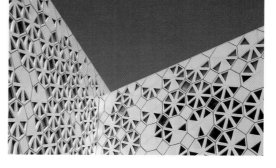

南开大学津南校区学生活动中心
STUDENT CENTER OF NANKAI UNIVERSITY

项目名称
南开大学津南校区学生活动中心
项目地点
天津
项目业主
南开大学
项目日期
2012 – 2015
建筑面积
10 900 平方米
建筑高度
19 米
建筑功能
教育
摄影
苏圣亮

南开大学津南校区学生活动中心的设计，试图用数理参数与环境建构的方法，构筑一处异质的乌托邦、一个与自然融合的诗意系统。基地位于南开大学津南新校区主轴线东侧，由南开湖和低矮林地环绕，自然风貌平坦舒旷，与红砖建筑构成的校园环境的形成鲜明反差。为了让建筑最大限度与自然景观交融，设计消解了公共建筑常见的体量主次关系，打散为六个大小不等的方形体量，呈放射状排布，大礼堂、音乐厅以及活动室独立分布于不同的体量，回应来自校园不同方向的景观视角。放射体量中心围合成内院，环绕内院的公共走廊和楼梯串联起一到三层各功能空间。

设计也利用多种技术手段介入环境建构。多向度的体量布局，顺应盛行风向的走势形成有效引导，改善室外的通风和微气候，并最大程度地捕获阳光。铝板幕墙与玻璃构成的表皮在数理参数的控制下形成丰富的形态单元，自由实现对内部光线投射量的控制，创造了不同条件下的室内光影体验。而装配式的构件模块简化了建造程序，也提高了施工精准度与可控性。材料与建构的突破，提升了建筑的环境性能——建筑师称之为"响应的诗意自然系统"：在自然要素的风、光、热的驱动下进行建筑原型的探索，并以空间的营造将校园生活的日常纳入其中。

上图：响应自然光照的铝板幕墙肌理
下图：内庭院透视
右页：悬挑的剧场与学生活动空间

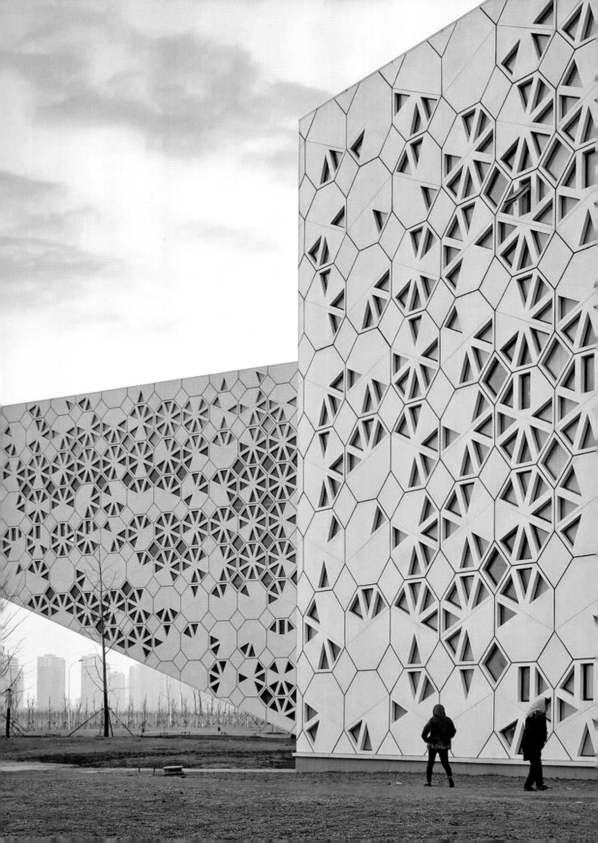

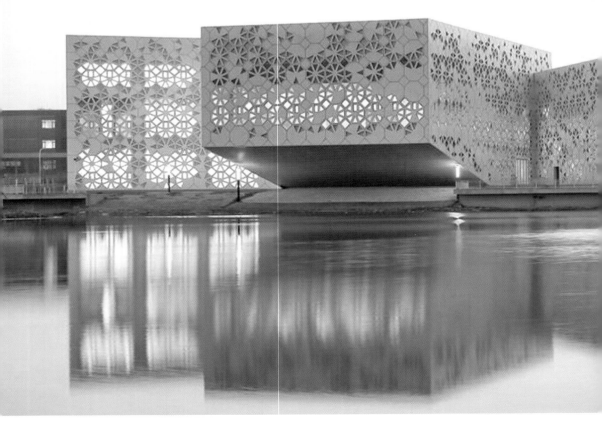

上图：夕阳映衬下的活动中心
下图：活动中心室内公共空间
右页：总平面图

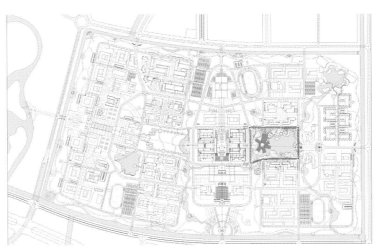

黄河口生态旅游区
游客服务中心

YELLOW RIVER TOURIST CENTER

项目名称
黄河口生态旅游区游客服务中心
项目地点
山东东营
项目业主
东营市旅游开发有限公司
项目日期
2011 – 2014
建筑面积
9 900 平方米
建筑高度
13.7 米
建筑功能
观光、餐饮、展览
摄影
苏圣亮

山东东营市黄河口生态旅游区游客服务中心的设计，力图从气候与能量的角度，探索基于气候环境的建构体系。在现代主义建筑设计对气候关注传统的基础上，建筑与环境的关系被不断地重新思考。将建筑自然系统作为一个能源系统，它就变成了能量流动系统和气候反应系统的结合体。基地位于城市边缘与广袤湿地环境的过渡地带，具有比市区更加丰富的气候和环境特征，这也使得本项目成为思考和试验"建筑自然系统"的理想载体。

设计的最初构想来源于广阔平展的土黄色大地景观。三条东西长向的建筑布局，呈现为三条粗砺的磐石形态，在草甸、芦苇与湿地的原野中获得强烈的存在感与融入感，同时从建筑本体出发，对当地气候与热力学环境要素作出了积极的响应。其中的六个院落，更是从通风、采光、景观与空间组织等方面，强化了这一整体构想。

在建构方面，选择夯土材料是一个建造的适宜性策略，一个应对建筑造价限制的手段，更是一个回应自然系统的方法。但是，这其中需要突破层层难关，包括材料的配比、组合与力学性能，对结构验收规范的满足，夯土墙体构造与施工，等等。这种材料与建构的突破，不仅仅提升了建筑的环境性能，更从空间、景观、光线和触感等层面形成了诗意的整体性表达，建筑也由此成为一个"自然的容器"。

上图：与自然环境融合的建筑外部空间
下图：服务中心主入口及南侧立面外观
右页：嵌入夯土墙面的条窗

0   80m

对页上图：锚固于湿地中的建筑主体
对页下图：总平面图
上图：服务中心夜景
下图：服务中心室内

李立 LI Li

1973 年出生于河南开封
1994 年获东南大学建筑学学士学位
1997 年获东南大学建筑学硕士学位
2002 年获东南大学工学博士学位
2005 年同济大学建筑学博士后出站
2005 年至今，任同济大学建筑与城市规划学院教授、博士生导师
2015 年创立若本建筑工作室（Rurban Studio）并担任主持建筑师至今
1973 Born in Kaifeng, Henan Province, China
1994 B.Arch from Southeast University
1997 M.Arch from Southeast University
2002 D.Eng from Southeast University
2005 Completed Post-Doctoral researches
Professor and Ph.D. Superviser at CAUP, Tongji University from 2005;
Founder and Principal Architect of Rurban Studio from 2015.

李立

LI Li

李立◎有限的资源与市场化的单一原则，导致全球化的畸形发展和多元文化的快速消亡。

李立◎自律、节制，不随波逐流，具有清晰的立场。理性看待建筑学科发展与社会现实的差距，在限制中寻找适当的建筑表达方式。

李立◎从具体的场地特征和相应的建造情境中确立适宜的设计策略，建构系统的空间架构和完整连续的空间体验，寻找文脉传承的当代表达路径。

李立◎建筑教育不能野蛮剥夺学生个体的固有经验的建筑认知方式，应该织补学生的知识网络，协助学生形成自己的立场、观念以及建筑介入社会的方式。

洛阳博物馆新馆
LUOYANG MUSEUM

项目名称
洛阳博物馆新馆
项目地点
河南洛阳
建设单位（业主）
洛阳市文物局
设计时间
2007.10
竣工时间
2009.03
建筑面积
43 600 平方米
基地面积
20 公顷
结构形式
钢筋混凝土框架 + 钢结构
摄影
姚力

洛阳博物馆新馆是国家一级博物馆，建筑选址毗邻隋唐洛阳城里坊区遗址，是洛阳城市中轴线上极为重要的标志性建筑。

设计构思以非对称的空间结构为支撑，借鉴园林手法，在方形流线的转折位置设置庭院和采光天井，使空间布局达成动态的均衡。设计在外部建构了大尺度的起伏地形，内部则通过建构相对应的一系列空间的连接，来暗示"虚空"的概念主题，并通过屋面开放的 13 个遗址考古场景的再现，深刻地揭示了洛阳这座千年古都的厚重内涵，将场地特质与建筑概念融为一体。设计概念贯穿室内外整体，具有强烈的现代博物馆建筑特征和鲜明的地域文化特色，最终形成了概念复合的建筑特点：建筑形体的彰显与空间的沉静融合，外部的凝重与内部的虚空共存；古典的轴线与非对称的空间组织融合，光与空间交织成内在的园林意向；封闭的外表与开敞的地形塑造融合，将纪念性和公共性并置呈现。

上图：主入口夜景
下图：夕阳下的建筑屋顶
右页：层层递进的公共空间

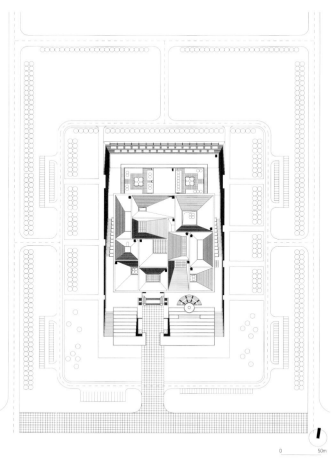

上图：博物馆屋顶
下图：总平面图
对页上图：中央大厅全景
对页下图：西北侧鸟瞰

0   50m

山东省美术馆
SHANDONG ART MUSEUM

项目名称
山东省美术馆
项目地点
山东济南
建设单位（业主）
山东省文化厅
设计时间
2011.12
竣工时间
2013.07
建筑面积
52 000 平方米
基地面积
2.07 公顷
结构形式
钢筋混凝土框架 + 剪力墙 + 钢桁架结构
摄影
姚力

山东省美术馆是中国新建的规模最大的现代美术馆。建筑地上五层，地下一层。依据大型美术馆的复杂功能要求完善功能配置，各种公共服务设施配套齐全。尤其是代表大型美术馆特点的货运设施、流线安排、备展空间以及照明设施的设计周详，很好地满足了各种艺术展览的需求。

建筑创作植根于特定的场地条件和齐鲁大地深厚的历史人文内涵，建筑布局合理回应功能要求，建筑形体呈现为渐变中的形态——"山、城相依"，具有山形特征的建筑形体逐渐过渡到方整规则的状态，是对济南的风土地理特征最恰当的诠释。内部空间设计是建筑概念的延续，以"山"为主题的中央大厅和以"城"为主题的二层大厅相互交融、对比统一。为完善空间寻路特征，内部空间设计以视线分析为基础，空间界面层叠错落展开。自然采光与空间布局紧密结合，打造出理想的现当代艺术展示空间。

公共空间围绕中央大厅及二层大厅组织自然采光，并成为空间转折与流线组织的重要手段。通过详实的剖面设计使光线分布均匀，在改善参观舒适度的同时极大地节省了日常运营费用。为了满足复杂的功能要求，结构多处部位出现大跨度、大悬挑以及转换构件。其中，楼层间的大跨度转换使用型钢混凝土桁架体系；大空间采用空间钢桁架和钢梁体系；在顶部需要大跨度与悬挑的部位，选用钢桁架体系。通过精心调整结构整体布局，使各种结构形式结合并成为有机整体。

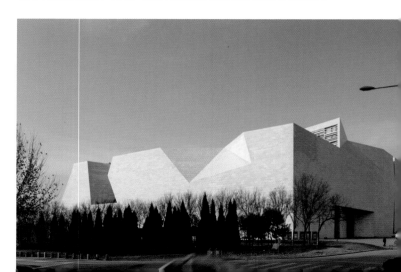

上图：二层大厅
下图：东南侧外观
右页：东侧外观

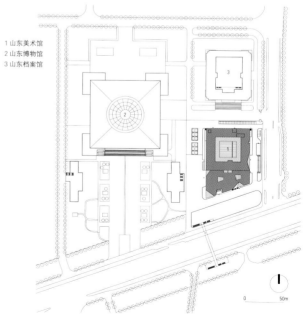

1 山东美术馆
2 山东博物馆
3 山东档案馆

0   50m

左页：贵宾通廊
上图：中央大厅仰视
下图：总平面图

中国丝绸博物馆
改扩建工程

CHINA NATIONAL
SILK MUSEUM

项目名称
中国丝绸博物馆
项目地点
浙江杭州
建设单位（业主）
中国丝绸博物馆
设计时间
2015.01
竣工时间
2016.06
建筑面积
22 999 平方米
基地面积
42 286 平方米
结构形式
钢筋混凝土框架结构
摄影
姚力

中国丝绸博物馆地处杭州西子湖畔、玉皇山前、莲花峰麓，其改扩建工程受到西湖风景区建设管理的严格限制，是对建筑师的巨大挑战。

中国丝绸博物馆原有馆舍始建于 20 世纪 90 年代初，现已成为西湖风景区旅游的重要目的地。老馆建筑的圆形和曲线平面多年来备受使用者诟病。是选择面目全非的全新改造，还是寻找新老建筑和谐共生的可能性？建筑师认为老馆虽然不属于历史保护建筑，但它仍然是特定时期历史记忆、尤其是场地记忆的重要组成部分。改造部分在最大化地尊重老馆建筑布局、形态、结构与细节的同时，只针对具体的功能问题进行了局部修复。新建建筑部分则采取了既延续又差异的建筑语汇，如时装馆中的弧线形复廊、天窗、扇形亭、月洞门等，与老建筑和杭州的城市历史记忆形成了富有张力的对话关系。新老建筑共同构成了三个变化的组团中心，向中心湖面呈环抱之势。

山坡、湖水、桑林、乔木、小径、亭台，改造前的中国丝绸博物馆园区内自然景色十分宜人，新建建筑没有被构思为宏伟的建筑体量，而只是园子的一部分。上万平米的新建建筑面积被拆解、打散，消解于地形之中，并通过丰富的材料被进一步消解。此外，新建建筑中还有许多精心设计的洞口，形成了面向整个园子的取景器。

上图：时装馆内庭院
下图：开放的屋面空间
右页：庭院内外

在设计之外，建筑师的压力还来自于必须在杭州 G20 峰会开幕之前的一年时间里完成时装馆、藏品楼、科研基地和办公楼的所有设计与新建，同时整体改造翻新五座 20 世纪 90 年代老展馆及园区景观。为了保证设计品质、如期完成工程，建筑师团队在整个施工过程中不断完善和确认设计。最终的设计交由自然完成，茂盛的植被将进一步隐匿建筑，时间会成为打磨这片园子的最后工序。

1 传达室
2 丝路馆
3 非遗一馆
4 非遗二馆
5 修复馆
6 时尚廊
7 时装馆
8 藏品楼
9 办公楼

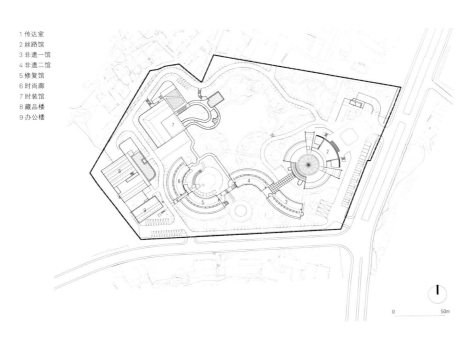

0   50m

对页上图：总平面图
对页下图：水边的檐廊
上图：时装馆大厅
下图：丝路馆新建大厅

任力之 REN Lizhi

1966 年出生于重庆
1986 年获同济大学建筑学学士学位
1995 年获同济大学建筑学硕士学位
1995—1996 年任香港大学建筑系访问讲师
1998 年于北京首都师范大学法语系就读
1998—1999 年就读于法国巴黎 l' Ecole d' Architecture Paris Villemin，
并在法国巴黎 Jean-Paul Viquier 事务所实习
1986 年至今，任同济大学建筑设计研究院（集团）有限公司副总裁、
集团总建筑师、建筑设计二院院长（兼）
中国建筑学会资深会员，香港建筑师学会会员，国家一级注册建筑师
1966 Born in Chongqing, China
1986 B.Arch from Tongji University
1995 M.Arch from Tongji University
1995-1996 Visiting lecturer at University of Hong Kong
1998 Studied French in Capital Normal University
1998-1999 Studied in l' Ecole d'Architecture Paris Villemin and practiced
in Jean-Paul Viquier Architecture
Vice President, Chief Architect in TJAD Design (Group) Co., Ltd. from 1986;
Senior Member of ASC, Member of HKIA, 1st Class Registered Architect.

任力之

REN Lizhi

任力之◎数字革命改变了人的思想与行为，更重构了人们的生活方式、生产方式和社会生态治理模式。如果说建筑学千百年来以体系演变的方式存在与发展的话，未来可能会呈现愈加碎片化、无根化的状态。以数字技术为核心的科技革命在颠覆传统的同时，亦构建了数字时代的建筑生态：从虚拟化、网络化的建筑咨询业，大数据、云计算引领的设计协同，到新型材料技术支持下的空间架构与形态衍生，当代建筑实践亟需将数字技术作为文化表意的手段合理运用。

任力之

任力之◎对全球化的理解有物质与思想两个层面。物质层面的全球化提供了中国建筑师走向世界的平台，通过近年来在非洲、欧洲和加勒比海地区的建筑实践，我深有体会。思想层面的全球化与文化相关，实际上是以不同方式构建地方性的过程，且更加彰显不同文化的边界与多样性特点。建筑介于文化与自然之间，其独特性在于涉及与自然的关系。建筑的全球化应该是"自下而上"，使地方性的优点与属性得到前所未有的解放，而非相反。

任力之◎关注建筑自身的逻辑性，强调城市肌理、场地环境、气候条件与功能类型等要素间的交互作用，重视文化层面上自然形式的抽象性再现、自然符号的隐喻性指向，以及自然逻辑的关联性表达。此外，融合跨学科理论的设计哲学，为建立建筑与人类社会的关系提供重要的思想方法。

任力之◎对建筑教育的探讨应注重对建筑内核与外延关联性的研究，在教学中强化哲学、心理学、经济学等多学科与建筑学关系的认知，使学生更完整、准确地掌握建筑学的本质意义。

北京建筑大学新校区图书馆

LIBRARY FOR NEW CAMPUS OF BEIJING UNIVERSITY OF CIVIL ENGINEERING AND ARCHITECTURE

项目名称
北京建筑大学新校区图书馆
项目地点
中国，北京
建设单位
北京建筑大学
设计团队
任力之、陈向蕾、高一鹏
设计时间
2009
竣工时间
2014
建筑面积
35 626 平方米
建筑高度
29.92 米
结构形式
钢筋混凝土框架 + 屈曲约束支撑
摄影
章鱼摄影工作室

北京建筑大学新校区图书馆处于校园中央核心景观区，功能包含大学既有的图书馆，以及国家支持的中国建筑图书馆。设计采取高度集中的设计策略来实现图书馆的内在文化承载力度，以此留出宽敞的馆前多层次景观空间，作为校园整个学术氛围的延伸与渗透。

图书馆处于校园中轴线最中心的位置之上，需满足正交网络校园来自各个方向核心性的视线需求。建筑师采用纯粹几何形体来表征建筑的抽象核心意义。建筑中的咖啡休闲、与沙龙结合的展览空间，代表着以藏书为中心的图书馆逐步向人本位与合作交流转型的趋势。中庭螺旋上升布置的楼梯串联起各个楼面的阅览空间，形成螺旋式无缝检索流线。建筑的上部立面的 GRC 网格包覆，根据不同朝向的日照及遮阳要求，融入中国传统五行的抽象图解。建筑表皮抽象地对传统镂空花格窗进行了现代诠释，并衍生出了新的形式与意义。

表皮网格在 Grasshopper 中以 4.2 米 × 2.1 米的模块重复形成菱形基本骨架，根据采光需求定量起翘，并控制为九种单元模块以降低成本。双层表皮幕墙是将四片 L 型角钢置入 GRC 纤维水泥壳体，通过铰接方式与不锈钢抓手相连，形成隐藏式节点。

左页：外观
右页：西侧入口

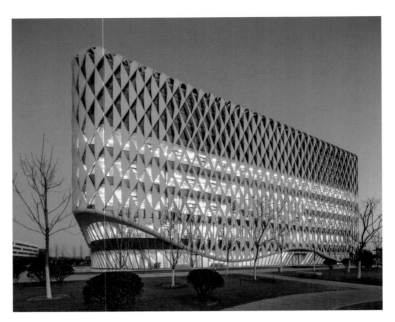

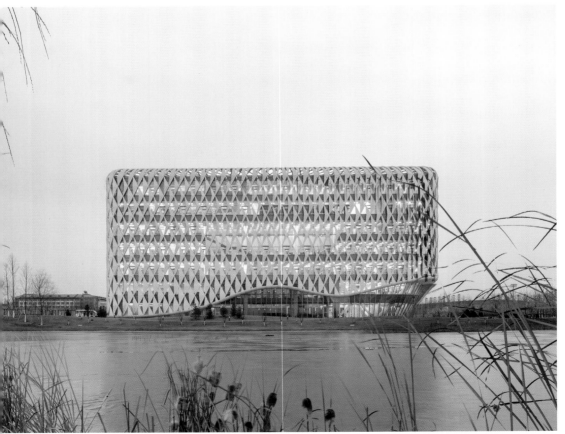

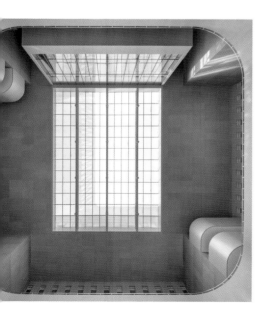

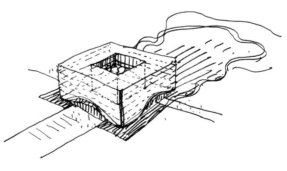

上图：阅览交流区
左下图：中庭仰视
右下图：概念草图

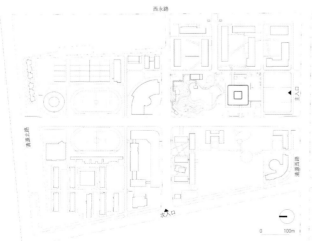

对页上图：中庭阅览区
对页左下图：总平面图
对页右下图：报告厅楼梯
上图：中庭
下图：会议区

非盟会议中心
AFRICAN UNION CONFERENCE CENTER

项目名称
非盟会议中心

项目地点
埃塞俄比亚，亚的斯亚贝巴

建设单位
中华人民共和国商务部 / 非洲联盟委员会

设计团队
主持建筑师：任力之
建筑设计：张丽萍、司徒娅、朱政涛、谢春、董建宁、汪启颖、魏丹、Patrick Lenssen、张旭等
室内设计：吴杰、李越、邰燕荣、董建宁、朱政涛、谢春、Patrick Lenssen 等
景观设计：章蓉妍、高敏、高宇、段晓崑等

设计时间
2007

竣工时间
2011

建筑面积
50 537 平方米

建筑高度
99.9 米

结构形式
钢筋混凝土框架结构、钢筋混凝土框架—剪力墙结构

摄影
吕恒中、张嗣烨

非盟会议中心及总部办公楼作为非盟的新总部大楼，在国内外引起广泛关注和较大反响。设计在满足与国际组织相一致的使用标准及要求的基础上，对其时代性、地域性与特殊性给予关注。在以新材料、新工艺为特征的建筑语境与带有地域特性的审美偏好之间建立了一种平衡关系，在建构表达上反映时代技术特征与地域形式美学。针对项目代表非洲多国联盟的象征意义，建筑设计将所指层面的凝聚与辐射内涵转译为能指层面的形式语言。

由此形成的设计策略是：首先，将建筑的象征意义转换成以整体性为秩序的外在形式，利用现代施工技术展示主体塔楼与会议中心基座的形态连贯及立面线条、节点的精确联结。其次，建筑形式在对地域文化的表述中融入二元矛盾的权衡思考：方与圆——办公塔楼与会议中心共同构成的石材基座与大会议室椭球体形成对比；动与静——螺旋上升的裙房屋面形成具有空间张力的向心性构图；虚与实——丰富而逻辑严密的立面突显明晰而有韵律的虚实关系。第三，利用先进技术提升建造的合理性与有效性：运用建筑信息模型（BIM）技术建立参数化模型，对弧线与空间曲面的比例、尺度及定位进行分析和控制；巧妙利用场地高差与当地宜人的气候条件，最大限度地将自然采光通风融入在建筑设计中。最后，设计试图获得与简约明朗的功能属性相一致的空间结果，因此选用木材、大理石等天然材质，结合室内灯光设计，赋予空间更趋近自然的艺术气质。

上图：会议中心远眺
下图：自非盟总部旧址俯瞰
右页：会议中心外观

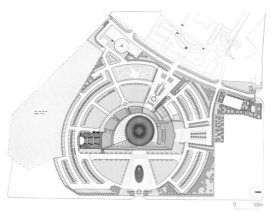

左页：会议中心主入口
上图：东北角远眺
中图：模型
下图：总平面图

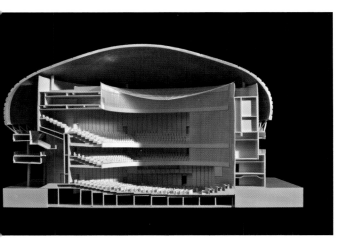

左页：环形中庭
上图：曼德拉大会议厅
中图：会议中心入口内景
下图：曼德拉大会议厅剖面模型

中国企业联合馆
CHINA CORPORATE UNITED PAVILION, EXPO MILAN 2015

项目名称
中国企业联合馆

项目地点
意大利，米兰

建设单位
上海米博投资发展有限公司

设计团队
任力之、吴杰、孙倩、李楚婧、邹昊阳、
许文杰

设计时间
2013

竣工时间
2015

建筑面积
约 2 000 平方米

建筑高度
12 米

结构形式
钢结构

摄影
Massimiliano Farina、邵峰、吕恒中

对立转换

"Feeding the Planet, Energy for Life"，2015 年米兰世博会主题揭示了人类与自然的矛盾关系——"索取与反哺"；"反者道之动"则体现了中国古代文明面对矛盾关系时的平衡智慧。设计以一系列相互转换的对立关系，如方圆、内外、虚实、刚柔等，建构展馆的基本形态、内外空间与建筑细部，并以此诠释对世博会主题的建筑思考。建筑在方形体量中插入椭圆形"绿核"；入口处掀开"帘幕"，模糊了建筑空间的内外边界；围绕"绿核"的环形坡道，串联参观路径，人工与自然景致相互因借；膜与钢两种材料翻卷转接，刚柔并济。

模糊尺度

对于高度与体量受限的展览建筑，入口空间尺度控制颇具挑战。设计在总高 12 米的建筑东南角留出净高 7.5 米、与外部环境交融的入口空间，不同标高的坡道皆展露于此，空间的多重共享产生类似中国传统园林"小中见大"的效果。同时，室内采用大面积连续的白色涂料吊顶、整体地坪和天然木饰面墙板，细部设计尽量简洁、抽象，模糊空间尺度感。"森林"意向的枝状柱筒内挂覆盖垂直绿化的影厅，使人宛如置身于微缩的自然世界。

上图：屋顶花园
下图：展馆南立面
右页：展馆外观

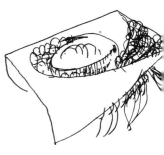

上图：展馆东立面
左下图：夜景
右下图：概念草图

体系整合

结构体系中的主要竖向受力构件与建筑元素合为一体——内圈的树状柱筒和消隐的立面桁架。立面桁架空间形态同时符合建筑与力学逻辑，内部枝状柱既为空间的形态要素，又隐喻"树的生长"。展馆内部，除了流动的空间与划分展区的展墙，结构构件以消隐的方式与建筑整合。表面膜材料覆盖钢结构立面桁架，膜材料自然的张力状态使得建筑表面力的传递成为可见。

上图：绿核
中图：三维模型剖视图
下图：工作模型

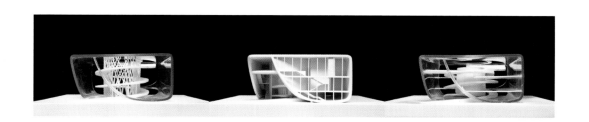

曾群 ZENG Qun

1968 年出生于江西南丰

1989 年获同济大学建筑系工学学士学位

1993 年获同济大学建筑学硕士学位

1993 年于同济大学建筑设计研究院（集团）有限公司工作至今

1999 年被派往美国 RTKL 事务所工作

2001—2011 年任综合设计一所所长、南昌分院院长

2005 年获同济大学建筑城规学院硕士生导师资格

2008 年获教授级高级工程师职称资格

2011 年任同济大学建筑设计研究院（集团）有限公司副总裁、建筑设计一院院长至今

国家一级注册建筑师

1968 Born in Nanfeng, Jiangxi Province, China

1989 B.Arch from Tongji University

1993 M.Arch from Tongji University; and works for Architectural Design & Research Institute of Tongji University (Group) Co., Ltd. from then on

1999 Assigned to work at RTKL Architect Design Company, Los Angeles, USA

2001-2011 Director of the 1st Designing Institute; Dean of Nanchang Branch Company

2005 Qualified as Master Director at CAUP, Tongji University

2008 Qualified as Professor of Engineering

Vice President of Architectural Design & Research Institute of Tongji University (Group) Co., Ltd. & Dean of the 1st Design Institute from 2011;

National 1st Class Registered Architect.

曾群

ZENG Qun

曾群◎我们面临着一个建筑规模和建设速度前所未有的时代，深感建筑学这门学科与现实之间的巨大沟壑。我们一边批评甚至痛恨那些无趣平庸或无底线的建筑生产，一边又不得不承认传统建筑学本身的无能为力。也许这是当代建筑在当下中国面临的巨大挑战。我认为这提示了建筑学在当下需要重新释义和拓展，以期对当代建筑获得更广泛的价值认知，在更宽阔的历史和文化背景下应对现实的各种问题。

曾群

李翔宁◎在全球化与地方性的两极之间，您如何定位自己作为一名建筑师的文化身份？

曾群◎建筑师对文化身份的认同一向模糊，但我并不认为这种模糊有什么不妥，反而恰恰因为没有明确的文化身份让人更聚焦在建筑本身，因为建筑和文化本身就是两个虽有交叉但更多是各自独立的范畴。我希望通过对设计和建造的感知，对其所处环境的体验，来呈现对文化的关注，而不必落入标签式文化的窠臼。事实上，我们真正需要对抗的是在所谓全球或地方性文化掩盖下的风格化建筑。如果要在全球和地方性之间找一个坐标的话，那应该是当下，我们都应该是当下建筑师。

李翔宁◎请简要描述一下您作品中最重要的元素或特征。

曾群◎由于职业的原因，我有幸参与了许多重大项目的设计实践，可以说自己从事的工作处在当下城市巨变的前沿。这些项目常常规模宏大，功能繁复，对城市或区域影响巨大。正因为如此，我提醒自己要小心翼翼，保持克制，这种态度影响了我的实践，我希望用一种清晰、简明、节制的态度来应对复杂的现状，来包容建筑物可能出现的自大虚妄和盛气凌人，以一种友好而开明的面貌来回应所处的环境。与此同时，在近距离触及建筑的时候，我也希望能感受到从建造本身散发出的活力，传达出个人化真实的表达，在克制和释放的并行中来呈现建筑的意义。

李翔宁◎从您的角度，怎么看当代建筑教育的发展走向？

曾群◎在我看来，建筑教育既不能是职业建筑师的初始技能训练，也不能变成未来明星建筑师的养成计划。它应该帮助学生建立一种独立、有效而系统的思维方式，通过这种思考，学生可以发现多种不同的理念和操作策略，以此来应对未来越来越多义的建筑学和越来越复杂的建造现实。

巴士一汽停车库改造
——同济大学建筑设计院新大楼
TJAD NEW OFFICE BUILDING

项目名称
巴士一汽停车库改造

设计单位
同济大学建筑设计研究院（集团）有限公司

项目负责人
曾群

主要设计人员
曾群、文小琴、吴敏、孙晔、陈康诠、张艳、
王翔

项目地点
上海市四平路 1230 号

设计／建成时间
2009/2011

用地面积
35 840 平方米

建筑面积
64 522 平方米

容积率
2.04

建筑密度
52.3%

绿化率
18.99%

停车位
480 个

摄影
走出直道（日本）、吕恒中、张嗣烨

巴士一汽停车库曾是上海市区最大的立体公交停车场，其结构简洁、清晰，韵律感强。

设计策略是创造一个开放的创意办公空间，将"机器使用"的场所营造成为"人使用"的场所。改建基本保留了原有的三层混凝土结构，并通过钢结构加建两层作为中小型办公区域。车库北侧原有的汽车坡道得到保留，成为通往四层停车场的通道。加建部分似一个玻璃盒子悬浮于原结构上方，与原有混凝土建筑厚重的形体形成对比。

考虑到原建筑进深达 75 米，不利于办公空间的通风采光要求，设计局部拆除楼板形成景观内院和采光天井，并与四层的屋面绿化共同形成多层次的景观空间。

在大楼改造设计所运用的多项生态节能措施中，太阳能的利用是一个亮点，加建的锯齿状屋面与多种形式的太阳能光伏板一体化设计，使其获得高效的日照角度。

上图：四平路方向透视
下图：北侧鸟瞰
右页：西南侧一层编织的铜板具有强烈的
导向作用

上图：沿四平路透视

上图：黄昏中的西侧庭院
下图：流动开放的大厅空间

上海棋院
SHANGHAI QIYUAN

项目名称
上海棋院

项目业主
上海棋院

项目地点
上海市南京西路

设计时间
2012.08 – 2013.02

建筑面积
12 424 平方米

基地面积
6 002 平方米

建筑高度
23.95 米

项目状态
在建

摄影
章勇

上海棋院地处繁华的中华第一商业街——南京路，基地呈狭长形，南北长约 140 米，东西最窄处仅 40 米，东面毗邻上海旧式里弄，又紧贴着 20 世纪 90 年代建的上海电视台大楼，这是一个喧嚣与安宁、传统与时尚、商业行为与日常生活杂糅在一起的场所。设计旨在这样敏感混杂的场所植入一个安静的类文化建筑，使其既能与邻居和睦共存，又能展现其独特的个性，成为这条商业街上少有的散发着优雅从容气质的建筑。

设计首先说服业主及主管部门摒弃了规划建议的高层建筑，将建筑高度定在 24 米以下，期望以平和的姿态与旁边里弄形成良好的尺度呼应；并且顺应基地曲折凹凸的平面，填补城市肌理。建筑室内和室外的虚实空间交错布局，以墙围院，以院破墙，在狭小的用地内争取更多的外部空间，使人能感受到类似里弄建筑中的庭院和平台的空间体验。建筑形态完整统一，东向窗口并不大，可减少来自里弄居民活动的外界干扰，同时渐变错落的窗口尺寸传达了黑白格的棋盘隐喻。棋院北侧面对喧闹的南京路，立面的金属格栅进行了仔细的推敲，像一个富有传统寓意的花窗，既承袭了南京路前卫时尚的气质，又仿佛一张网，过滤了南京路的喧嚣忙乱，给棋院罩上了静谧内敛的外观，与周边商业气息浓郁的建筑形成强烈反差，淡定而安静地矗立于闹市之中。

上图：正立面特写
下图：东立面整体效果
右页：沿南京西路人视

左页：沿南京东路入口（黄昏）
左上图：南京西路入口
右上图：整体鸟瞰
下图：办公入口

同济大学传播与
艺术学院

BUILDING OF COLLEGE OF ARTS
AND MEDIA, TONGJI UNIVERSITY

项目名称
同济大学传播与艺术学院
主要设计师
曾群、文小琴、张艳
项目地点
同济大学嘉定校区
设计 / 建造年份
2006/2009
基地面积
23 775 平方米
总建筑面积
10 987 平方米
摄影
张嗣烨、吕恒中

消解体量

设计以一个长方形的混凝土盒子作为建筑的主体，将一组形态各异的两层高特殊功能空间形体均质而随意地穿插在混凝土盒子上。这种自由的形体组合消解了建筑体量，同时在屋面形成有趣的景观和室外空间。

自由路径

设计中对艺术学院使用者的行为特性进行了分析，归纳出三种特性的空间类型：私密性功能场所、公共性功能场所、开放性自由场所。设计师将私密性功能空间置于建筑最外侧，将公共性功能房间均质地散落在盒子中间。而其余的开放空间则像水一样渗透在周围，人们可以随意穿行其中，到达各个功能场所。

小尺度公共空间

设计将主体建筑下沉，与道路之间形成半公共的下沉庭院，同时也解决了下层的采光问题。建筑内部还设置了多处内部小庭院，这些充满活力的小生态环境使得进深庞大的平面内部依然光线充足，将原本的负面因素转化而成为新的活力场地。

上图：南侧次入口灰空间
下图：东北侧鸟瞰
右页：屋顶上木质铺地与锌板包覆的体量
形成一幅人造山峦的景观

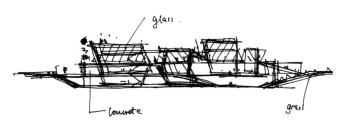

上图：东侧面向湖面的次入口广场
中图：从主入口桥面望下沉广场
下图：草图
右页：下沉内院二，水平方向的挑空连廊与
立面倾斜的锌板幕墙形成对比

1 展示
2 演播室
3 图书馆
4 新媒体视听室
5 专用汽车摄影棚
6 审片室
7 非编工作室
8 画室
9 内院上空

对页上图：下沉内院二，悬挑的混凝土连廊
提供了空间的多变性
对页下图：东侧通往屋面的室外楼梯
上图：中庭楼梯及天窗，大面积的两层混凝
土墙面可作为投影展示的背景
下图：一层平面图

李翔宁◎第一个话题我们聊一聊教学和实践的关系。各位都是一边在学校里从事教学，一边参与实践。老师和建筑师两重身份之间的关系你们是如何处理的？如何界定身份和切换角色？

王方戟◎我似乎没有切换的感觉。另外我感觉到，实践与教学分别是在用大脑的两个部分，两者之间有很多可以互补的地方。

童明◎我是完全切换性的。主要有两方面的原因：一方面因为我在城市设计专业，教学侧重点和建筑设计不太一样，但这并不是重点，重要的是另一方面，这两个角色的思维状态很不相同。作为教师，我一般并不直接介入学生的设计，而是如同心理医生那样去观察他的思考行为，引导他的思想方式，分析他为什么会这么做，并通过自己的经验进行调教，因为教学是学生需要通过自己的努力去学习如何做设计。然而自己做设计就完全是另外一回事情，这里不存在一个中间环节，而是需要直接面对此时此地的情境。建筑设计毕竟是一种关于形式的设计，而有关形式的思考是没有办法分割的，需要把各种各样的因素整合到一起，这其中有些因素很难采用逻辑语言来结构分明地逐层阐释。我认为这是一种非常混沌的整体状态，存在交流的困难性。

王方戟◎你是指设计很难语言化吗？

童明◎真正内核的地方是很难语言化的。当然设计理论或设计教学都是要使得设计过程变得可解读、可叙述，但实际上这件事情是非常困难的。

王方戟◎是不是这也是一种个人习惯，对你而言将设计语言化是困难的？

童明◎对。

张姿◎前两天看原研哉的《设计中的设计》，其中说到用语言来表达设计其实是另一种设计。不知道是不是有这层意思？

童明◎有，但这就涉及语言和话语之间的差别了。语言是公共性的，但是话语（说话的方式）是个人化的。作为一种语言，汉语是可以逻辑性地进行分解和学习的，但是言说个人想法的方式绝对很不一样。我们可能掌握同一种语言，但用来表述情绪的话语却必然无法相同。

对谈

章明 +
张姿 +
童明 +
王方戟 +
庄慎

DIALOGUE

ZHANG Ming

+ ZHANG Zi

+ TONG Ming

+ WANG Fangji

+ ZHUANG Shen

所以教学应该是一种关于语言的教学，自己做设计更多的是一种话语的陈述。应对相同的情况，即便是同一个人，在不同时间下说出的内容也是有差别的。因而所有的设计都是存有个性的，否则就变成标准化了。这就比如我们小时候都学习语文，从字到词再到造句，然后学写短文和长文，这是一种关于通用技能的学习，但是这并不意味着通过这一学习就可以成为一个很好的作家。我们大学的性质就决定了是在传授一种技能而不是一种才能，这就是大学跟工作坊（atelier）的本质区别，把大学教育变成非常个人化的事情也是不太适宜的。

章明◎ 对，因为学生的人数已经决定了不是原来简单的师徒模式，还包括效率性、公平性的问题。我比较赞同童老师说的，还是有切换的，两个角色的态度和状态不一样。但是童老师好像有一些弱化两者之间的相互影响，我认为两者之间的关联度特别大。我一直认为设计课的老师要参与实践，设计课本身的性质就决定了它的实践性和社会性，以及跟实际事件的关联度。同济现在把实践设计师再请回来做教学这件事情做得非常成功，他们在实践过程当中摸索出来的技巧方法、设计思考和态度，会带入到课程当中来。

对待实践和教书的态度，我认为确实是不一样的，宽容度也不一样。就像我们做设计的时候，思维是要转换的，所有的设定条件都会成为设计核心，最终出来的设计是受到各种条件制约下的综合思考。但是对于教学，我们会告知学生有这些要素，但态度是比较宽容的。比如一个教学阶段当中最关注的是架构的问题，那就解决架构的问题，对其他问题会相对忽略。但是在实践中可能是不行的。所以我认为教学中的宽容度会大很多。再从另一个层面讲，做设计更重要的是综合评判的策略和最后体现出的明确态度，而最终更高的境界就是在一定修为下的设计。但是对学生来讲，更重要的是教授他技巧和能力。所以我跟学生一直讲，技巧、能力、态度、修为这四个阶段，学生阶段是在修行前两个阶段，态度和价值观的养成也是在这当中形成的，但能否到最终修为就是个人造化了。

庄慎◎ 我主要还是以实践为主，教学和实践这两个角色，我自己的状态区别挺大的。第一，在教学的时候我是以学生为主，帮助学生发现他思想上的一些东西，然后指导他进行思考和设计；但是在事务所里我会比较坚决，会说"不行""改一下"。第二，在学校里教书，学生得到的东西和我得到的东西各自不同。学生需要能够发现自己的思考方式和习惯，这一点很重要。有时候学生看到的东西特别多，有各种各样的评判标准，他自己的辨别能力还不是很够，很容易受到打击，很难建立起自信心。有的人可能比较理性，有的人比较感性，做好设计最重要的是能够发现自己习惯于怎样思考，所以在教学的时候我会尽量从他们一堆乱哄哄想法中去抓里面的闪光点，帮他们了解自己，找到自己的思考方式，然后在这条线路下完成一个相对完整的设计。这样学生能够建立起初步的信心，他会知道以后可以怎么做这件事情，如何把自己的想法、技巧和方式贯通在一起。

但这样的教学过程中我自己获益有限，学生能够反馈的有益的东西并不是特别多。你可能会感受到他们的热情，得到很多乐趣，但在技术和学术上得到很少。不过来学校教学对于整个建筑学体系会有更深入的认识，所以我也听课，比如听王骏阳老师讲课，不是说我只是要去学一些东西，而是可以更加深入了解现有建筑教育、建筑学体系的状态，体系性的问题是与我们的工作和研究相关的，这些问题值得反思。

章明◎反思最终再作用于你的实践吗？

庄慎◎是的。有些学科问题，比如概念化、完整性是建筑学或者说学院建筑学先天性的问题，新的建筑学发展不仅应该在原来的体系里面进行，很大程度上还应该去反思原来系统的制约。

童明◎我想问一个问题：你是不是感觉到有一点不自信？因为非常个人化地埋在自己的工作室里面，担心不了解这个世界怎么构成？

一般而言存在两种知识体系，一种是网格化的知识体系，就是我们大学里教授的，横向、纵向编织的，需要我们通过背诵记忆来吸纳的东西；另外一种则是个人经验的体系，需要依靠时间的积累得以形成，需要自己进行长期磨练的。从旁观者角度来看，我认为你可能更多是第二种类型，生活在一个充满了个人经验的世界里，需要和具体的项目、甲方、事情相搏斗。那么对于刚才你所阐述的这个对立面，一种网格化的知识系统，你是怎么来看待的？

庄慎◎我自己觉得并不是不自信，也许恰恰是有点过于自信了。可能我表述得有问题，我并不是觉得我不知道或不了解才希望去学习更多，而是我发现我们在讨论建筑学时，碰到的很多问题是原来的体系没办法解释的，或者是忽略了的。那么在这种情况下，是否被忽略了或者没法解释的这些事情其实是有价值的，但可能由于体系的原因被自然地过滤掉了？我为了去了解这个事情，才愿意更多地去了解我们原来体系的方式。

比如说在原来的体系里，设计会有个完整的概念。当我们在讨论一个建筑典型性的时候，是一个相对简单化的方式，抛弃了很多种可能性，把局部、不完整丢掉了，这些意义都没办法纳入到这个范围里去讨论，却又是我们在实践当中会不断碰到的。但我们传统的体系不包含这方面严肃的学术讨论。所以我才觉得这方面的反思、补充是有意义的。但是我并不明确原来的系统是否是我想象的样子，所以我才要去更加了解一下，建立起一个我可以明白的参照系。

章明◎所以实际上教学最大的好处是有一个大的体系放在旁边，你随时可以把自己的个人经验和实践的东西跟这个大的体系不断地进行交织和参照，我们也有这点体会。

张姿◎我的角色定位跟在座各位都不一样，我相当于一个承接方，可以说是现有教学体系直接的受益者或者受害者。事务所经常有年轻人的加入，一般是研究生阶段的实习期。研究生其实已经接触了一些实际项目，有过市场化训练了。我总结一点同学们一些共通的特点，提几点对于现有建筑教育的一些意见：

第一，学生普遍感知力的麻木或者说不敏锐。进到一个场所或者进入一个新的项目，他们的感知似乎被程序化了，被教育成好像所有人的需求都是一样的，所有环境的感知也应该是一样的。我觉得越年轻的人应该越敏感，就像味蕾一样，按理说孩子的味觉应该是最敏感的，成年人可能思想感知更丰富，但触觉和味觉会变麻木。但是现在我发现有些年轻人比我还麻木（笑），看到东西以后不激动，也没有敏感性。那么这是不是跟现有的教学体制有关？同时我觉得学生对需求的反馈也比较弱。我常说要有一颗善解人意的心灵，甲方给的是要求，你不应该满足他的要求，而是满足他的真正的需求。我一直强调感知驱动，而不是功能驱动，国内建筑教育在这个环节确实是训练偏弱。

第二，学生的控制欲比较强。好多学生做项目的时候，主观的概念特别强，但又没有控制的能力，所以方案基本上都是先入为主的理念居多，凭空掉下来一个很主观的想法。我认为这是因为他们没有考虑实际的约束，一旦他们意识到身上必须带上一个枷锁工作，几乎就崩溃了，缺乏反控制的能力，对外界干扰的抵抗能力比较弱。这个状态是怎么来的？这也是我的一个疑问。

第三，协同能力比较弱。别说跟各个工种沟通，连跟结构师沟通的愿望都没有。凭空设想了一个结构状态，然后认为结构师去挑战结构极限就可以了。我特别鼓励他们坐下来开各种讨论会，跟各个工种"吵吵架"，在争执的过程中，说不定你能发现一些灵感和启发点，不能把这些作为羁绊来看待。另外，可能是因为我们的教育里专业分工过于清晰，很多学生都在等待前提条件和设计的界定。等前期策划、可行性研究，各种条件全了，然后再开始做后面的设计，但其实有很多实际项目的前提条件是等不来的。为什么不能做前期策划呢？为什么不能跟甲方去谈谈开发设想呢？是不是象牙塔的包裹过于严密了，学生觉得自己的份内工作就是做设计，跟其他方面的接触越少越好？

我今天谈的这三点，是作为一个承接方（第二培训方）所感受到的，不知道与现有的建筑学体制有所应对？

童明◎我总结一下你刚刚说的学生的三个问题：第一是情商不够；第二是领导能力不足，在一堆人中间，他总觉得自己只是一个跟随者，只是事情中的一部分，要通过周边情况来决定自己怎么办；第三个是社会能力不足。

我觉得这很难改变，因为这是学生从小到大所经历的教育体系所决定的，要通过短短的五年时间把他彻底调教到另外一种状态，我觉得几乎是不可能的。相较而言，我认为同济的教学环境还是不差的，一方面拥有足够多元的教学方法和手段，另一方面有比较良好的教学氛围或价值目标，实际上我所接触过的每个设计课程都有大量的基地调研。

章明◎我们现在教学上面更多是性能驱动和规则衍生，不论是布局还是形态，教学上都是可控的，实际上就是在教一种方法。例如不管是从袁烽的数字化组织系统需求出发，还是从李麟学的气候性能指标出发，或者从其他外力影响出发，都是可控的。张姿现在强调的是一种感知驱动，偏个人化，在教学上我们可以关注，但如果要作为一种比较大规模的训练方法就可能比较难。

李翔宁◎我们继续第二个关系的讨论。你们觉得除了设计之外，写作和设计的关系是什么？

王方戟◎先补充一点对李老师第一个问题的回应：我觉得建筑设计的过程中是需要语言的，建筑设计的核心应该是可以言说的，不应该是个人脑海里的黑洞。对于建筑设计教学来说尤其如此。受到教学的启发，我感觉到在实践中也可以靠语言化的方式来推进。项目概念阶段中我们经常组织有经验的和没有经验的同事们一起思考，没有经验的同事们没有约束，经常会提出很好的概念。对于概念的评判及讨论都基于语言的层面，在语言上进行界定。在语言层面上逻辑成立就算成立，而不是具体的修辞如何。所以，项目最初成形的时候，经常与我个人脑子里的形态喜好没有关系。这就是为什么我刚才说从一定程度上看，设计和教学对我来说是一样的。在这两个方面我都希望一个设计首先要被说透，而不是具体的细节处理。

在 LIXIL 于 2016 年出版的《建筑家·坂本一成的世界》一书中的一张草图旁注里，坂本一成说 20 世纪 80 年代后他就几乎不画草图了，这是很少的特例。我理解这就是说在语言的层面上，建筑的本质就已经存在了。而言说中感性的成分只是言说的一个部分，那是言说的修辞。言说的修辞是附加在语言结构及逻辑之上的东西。所以我不是特别肯定把自己个人感觉作为设计核心的设计方式应该如何被看待。实践中，大家的思考与主持建筑师的个人思考应该是可以平行的。

讲到这里，也就很容易回答李老师刚才提的第二个问题了。做设计确实有很多时候会靠直觉判断来做决定，这些决定中有些是正确的，有些也许并不正确。写作是一种回顾和梳理，让你对前面的重要决定作一个审视，从而将自己设计中最有效的部分沉淀下来。另外，写作也是为了检验自己的设计中是否存在可以言说的核心。所以，对于我来说，写作是设计非常重要的一个组成部分。

童明◎对我而言，第二个问题和第一个问题正好相反。写作和设计实际上是无法分割的，而且我基本上是把这两件事情等同看待，甚至我花在写作上的时间比做设计的时间更多。我认为写文章实际上等同于做建筑，它也是从要素、材料开始，把很多的知识节点、思维片段以及偶尔感悟凝聚成一个整体的过程，这可能更加艰巨。然而写作是一种个人搏斗，与建筑设计中始终存在的社会交流不尽相同，情境虽不一样，但是本质上还是有类似点的，也就是如何将碎片梳理为整体这样一种过程。不知道你们同不同意，不过我觉得建筑设计虽然是一种个人化的行为，但并不意味着它缺乏社会性，因为这个过程将会在一种具体的思考过程中去消化整个社会，随后再生产出来。文章是如此，建筑也是如此。如果一个建筑缺乏这种具体个人非常投入的生产的话，它实际上也相应地缺少了这种内涵。

庄慎 ◎ 我以前不太喜欢写，但是现在是喜欢写的，并且觉得很有必要。以前写的内容基本都是设计说明或总结这类事后的项目回溯，现在写变成一个必要的部分。研究、观念和设计是关联在一起的，有时没办法仅仅用设计来表达、理清观点和研究。我的工作当中有城市研究，也有设计，有些设计直接由城市研究的观念指导，有些会互相影响，有些项目会促进对某些东西的认识。梳理过一些观念性的知识，必须要用文字来固定下来。所以写东西和设计东西在这个层面上其实是糅合在一起的。讲不清楚是设计促成和引发一些综合梳理，还是这种梳理会影响到设计。比如去观察城市里建筑的改变，就会在观念里建立起对于局部的思考，然后在设计时就会作一些分隔或整合。如果不去进行研究或整理，这种考虑是不会被触发的。再比如去观察使用方式，之后就会建立起对于建筑内部的独立思考，会影响实际做设计时的切入点，以及对物质空间的看法，最终可能会影响个人选择并建立出新的手法和形式。那么这个时候，个人认识和文字已经先于设计工作在展开，而文字和设计变得慢慢不可分离了。

写作是一个长期的过程，设计也是长期的。我其实不是特别喜欢写文字，因为它比做设计累多了。但是我现在逼着自己写作，拉长时间线，比如一个月写一点去推送，或者每个研究写一点。我觉得要把写作放到一个很长的时间去积累，写的内容可以就是直观的感受或者总结过的感受，只要做到文字简单精确就可以了。所以现在写作和设计都是我的一个日常习惯，把梳理和设计打散在日常里面，我觉得这种方式可能会好一点。

章明 ◎ 这个命题对我们来讲可能有双重的意思。一个是具体的写作跟设计之间的关系，还有就是我们专辑的主题词——"关系的散文"，其中也提到设计跟文学在理念上的映射。

第一，建筑行业一种是埋头苦做不太写的；一种是只写不做，相当于评论家的；大多数还是既做得好也写得好。为什么建筑师又能做又能写，核心关键是有思考，没有思考就算写，也没有东西可写。

第二，我们把写作当作作品呈现的一个有机部分，一是项目最终无法呈现的东西可以通过文字来呈现，有些设计可能被抹杀掉了，但是思考和文字还可以留下来；二是建筑有建筑的实体呈现方式，但是这种实体呈现不是每个人都能解读的。我觉得建筑还应该更社会化，每一个看见的人、用建筑的人、体会感知建筑的人自身的状态、条件、修养、知识体系、教育背景都不一样，所以他感知东西一定是不一样的。这时候文字可以作为建筑感知的一个有力补充。

第三方面，借着 2015 年第一期 UED 杂志专辑的契机，我们做了一些文字梳理，这些文字成为整个团队价值观的统一和项目策略选择的理论基础文字。一方面是建筑呈现的有机部分，反过来这些文字会对后续的每一个设计产生价值和意义。

张姿◎ 为什么叫"关系的散文"，其实还是在谈关系。"散文"指的是一种松散之中漫游的状态，就是把建筑和文学表达形式做类比。今天大家谈的这个话题，应该是指写作和作品之间的关系，好像是另一层意思。我依然认为，写作其实是对设计的设计。

第一是对思想自由度的提升。我有时候宁愿去写，但让我把写作的内容和作品严谨地关联起来，还蛮痛苦的。我其实从小立志学文科，想做个作家，对于思想自由度的释放而言，文章的空间和潜力实在太大了，我在这个世界里自由驰骋的状态，跟现实世界里做建筑作品的宽广度和自由度，以及思维的发散度不是一个数量级的。所以当我沉浸于写作的状态时，我会感觉到这种自由的快感。从设计到作品的过程中，一些意念的表达可能会被削减掉，能量的发散处于一个不断被削减的过程，但是写作可以把那个原发状态呈现出来。

第二，写作其实是建筑创作思想的一种外延化和扩展化。也就是说，做设计的时候是很模糊的个人化的状态，但是在呈现成语言的时候，会将这种模糊状态重新组织，系统化和清晰化。当它清晰地落到文字上的时候，其实是进行了一次反思。这个过程我觉得很重要。

第三，写作是思想体系的固化或慢慢定型的过程。比如我们写作品集的时候，通过文字这些作品思想的关联度会呈现出来，让我们感觉自己思考过程一脉相承，由原来模糊发散的状态慢慢成形，形成比较连贯的状态，这对日后的创作也是有好处的，也是一种反思的结果。

从这三个层面，我认为写作和设计虽然思想方式和价值观的判断是一样的，但过程还是不同的。我认同刚刚王老师谈到的事务所的工作状态是一个平行思想的状态，但是为什么王老师的建筑还是个人化呢？因为你的思想线索是有辐射力的，它会影响事务所其他人的价值选择和判断，所以你的作品还是会呈现出个人化的状态。现在我们工作室的工作状态也是这种比较平行发散的状态，尽量把所有的思想抛出来，但是会有一个人或一种思想占主体进行价值判断，把其他的线索都拉到最终的轨道上去。

李翔宁◎现在我们就进入第三个关系。在设计或实践当中，可能设计的出发点是一个概念，当然，也许有人会觉得不需要这样一个概念，各位来说说，你们的作品是怎么处理概念和最后呈现形式之间的关系的？

童明◎我认为建筑设计并不来自于一种从概念到形式的线性过程，而是在一个很混沌的状态中，从不同方面的压力以及个人惯性的理解和判断中逐渐形成的。所有这些因素从一开始就存在，而恰恰是概念起先并不存在。当然，这样一种混沌过程也许会导致某种概念的形成，但是在我的世界里，甚至有时一直到最后，概念依旧难以成形。我更多会把设计过程当作一个事件，个人带着自己本身的行为结构、思维方式、技能、本能、倾向性去介入，最后某一个结果从中产生了。如果这个建筑的目的就是要去呈现某一个预设好的概念，那么我坚定地认为这是一个虚伪的命题。如果建筑能够采用一种概念来进行概括的话，那么它只会是一种清晰的乌托邦，一种子虚乌有的空间，一种在现实世界中并不存在的某种清晰化的设想。如果"概念"一词所描述的是这一状态，那就意味着它仍然是停留在一种虚幻状态中的思维观念，而否认建筑是一个与现实社会相关的生产过程，我非常肯定地反驳这一点。

我认为这是毒害了中国建筑的一个非常重要的根源，很多人会认为一个好的建筑师必定要有一个很明确的概念，然后在一生的实践中去发展贯彻。我现在拒绝那么想；相对而言，我认为一个未确定的过程更重要，一个建筑师如何去驾驭这个过程是一种行为，而不是一个固化的名词。

王方戟◎我不同意这样的说法。我想，大家做设计，即使很混沌者，也不会认为存在即为合理，一切顺其自然。设计中必然会有强加在现有条件上的那些部分。强加出来的东西是为了对各种复杂的现实条件进行整理。那为什么要强加这部分而不是那部分，自然也有其理由。这个现实条件不存在的"强加"就是概念。强加的理由是概念的逻辑。正因为建筑是社会性的，理由中很大的一部分必然是建立在相关各方共识之上的，不会是自己脑海里存在即可的东西。要取得共识，将组织设计的这个基本欲望说出来也是必需的。那么建筑概念就必然是需要存在的。也因为如此，概念是可被构形的语言，是包含了具体物质空间塑造指向的语言表达。它可以指导设计的走向，不是建筑师自我情调的渲染，也不是对既成结果的描述。

当然，建筑设计的过程非常复杂。那种用一个概念将建筑方方面面都统包下来的做法也是很可疑的。设计中往往会有主次概念，大概念套小概念。

回答一下李老师的问题。目前我们的思考状态里设计最终的形式和概念没有直接的联系。概念是言说，形式是为满足言说而构建出来的物质。由于言说具有抽象性，往往不指向具体的样子，所以形式在很大程度上是可以变的。因而在设计中，我们不会将某个形式认定为原则性的东西，而是将形式与言说之间的关系看作是具有原则性的。这样可以让对于建筑的思考超越物质性，并在物质周围旋绕。这样的概念在感官上也不一定能辨别得出，但它是具有控制性的。具体操作的时候，我们往往先推出言说，而不是形态，否则我们会过于沉迷在某一个物像之中。项目初始有各种条件，但由条件推导设计不是我们目前主要的工作状态。虽然设计条件是重要的前提，但概念不一定在它们中诞生；概念往往是空降的，但空降下来的概念可以将各种条件组织起来。

童明◎但是我不用概念这个词来描述这一时刻。这一时刻大体上就是一下子都清晰了，原来一堆可能毫无关联的碎片似乎在刹那之间，以一种含有条理的方式组织起来了。如果你说这是概念的话，我当然是同意的。但我理解李老师指的是预设的概念，有一个 idea 是预先存在于建筑师的脑海里的。

李翔宁◎其实有两个层面的概念。第一个层面是你自己预设的立场，这个比较接近童老师想否定的那个东西；还有一个应该是设计具体的出发点，它不是直接导向一个形式，而是你在这个场地或具体情况中敏感地抓到了一个东西，最后设计会以这个东西为铆接点。

庄慎◎概念和形式的关系，在做设计的时候非常重要，但是传统观念中一个很大的问题就是在强调概念和形式是一个非常完整的形态，典型性与清晰性、整体性、形式和形式背后的意义等非常紧密地关联在一起。我恰恰觉得这个模式是有问题的，建筑的典型性并非一定是要那样子去体现的。譬如说，当我们去看日常的一些建筑和城市时，它也很有典型性，但不是靠一个房子体现的。它的典型性是类型，是数量，它不是一个完美的房子，但也体现了某种概念，并引向了其他的问题。如果我们还在谈本体，那么建筑里面的冗余、冗余的有效性、局部、内部、改变、使用，等等问题就出现了。所以我更倾向于概念是一个看法和观念，它一定会给形式或者操作方式带来一些影响，但我们旧有的完整化、清晰单纯化的建筑学体系是需要去反思的。

章明◎我们越来越不赞同设计是从"从概念到形式"的简单推导过程。第一，我们越来越把建筑作为一种关系和过程而存在，这个跟童老师说的有点接近，整个过程是一个挖掘的过程，从挖掘到最后呈现的过程未必是那么清晰的，它是一种朦胧混沌的状态。

第二，我们现在做设计的出发点，越来越从完整性、强逻辑性的预设关系状态转变到可能的关系状态，在过程中逐渐挖掘可能性，所以我们的出发点也变了。原来一上来就先做特别完整的总图或者一个大的概念，然后马上用这个概念呈现出形态，再把功能、光、材料、架构等元素融入到这个体系。现在是反过来，恰恰是从相对松散的局部去入手，然后慢慢从局部去拓展，形成一个相对模糊的整体，最后再把它梳理成为一个相对清晰的整体。这是我们最近两三年在观念方法上的转变。

张姿◎去年年会的时候，我总结了工作室近几年的几个特征：循脉潜行、因借生长、游目观想、自在之境。四种平行的思路，汇聚为一种思想方法。

所谓循脉潜行，是指我们对于关系的认知从预设的关系到可能性的关系，所以更注重场所精神。场所精神既存在于锚固场地的物质留存，同时也存在于一种弥漫游离于场地之上的诗意呈现，它们是相辅相成的。所以对于场所的创造性的挖掘，不仅是设计的前提，更是设计的契机。

第二，因借生长，是从园林中"巧于因借，精在体宜"得出的一种思路。

第三，游目观想谈的是一种游离散点透视的状态，由片断的离散的观感在大脑中集结成为一种连续的观想。

第四，自在之境，是说我们更多地把建筑看成一种关系的集合，而对于预设的概念和由概念推导出来的形式不是那么在意和关注。

我还要补充的是，可能我们对概念和形式的界定与以往不一样，概念可以是一种预设的、明晰的概念，也可以是各种思想碎片在设计过程中的一个集约体。当然，也不能矫枉过正说概念不存在。这些思想碎片慢慢地集中到一个比较清晰的状态的时候，这就是概念。

王方戟◎那你们最终的物质性形态怎么操作？因为最终的呈现也很重要。你们的介入到什么程度？

张姿◎概念不一定要推导出一个形式，因为形式的可能性是很多种的。我们现在认为概念和形式会出现同时性，也就是在整理思想碎片慢慢清晰化的过程中，思想是一个混全的状态，这时候形式的可能性就会出现了，但最终落定到哪一种形式，需要在后续的工作中慢慢剥离出来。当然，这种状态未必最理想的，但可能是相对合宜的。

章明◎相对合宜，但是也有风险。我们最近的困惑在于，当我们以局部松散的关系去入手，说形式让位于关系的时候，有些项目投标的风险就加大了，一个形式感强的设计反而容易中标。

童明◎我觉得这件事情并不复杂，区别在于对"概念"内涵的解读，可能原因在于中文没法把意思说清楚，因而大家都潜在地把"概念"当作一种用来叙述的对象：你要解释方案，那么就需要采用概念来解释你的方案。在这种情况下，概念就成为一种把"设计"给不知情的人说清楚的工具。所以我觉得这是一种悖论：当事情还没有做的时候，就得把它说清楚，这种概念必然就是虚假的。英文 concept 中的"cept"应该有抓和捕捉的意思，例如 percept, accept，应该存有一种动作的意思，应该是一种整形的过程。所以我觉得许多词语如果直白地翻译过来，意思可能都是存有曲解的。

庄慎◎这里面确实有先天设定的问题，导致建筑设计最完美的时刻就是实现概念的时候。一个概念被设计、建成，然后如期被使用，并展现出预设的状态——这是用一种静止状态来看待建筑。但是事实上，建筑落地的时候，它的使用寿命才刚刚开始，过程中很大程度上它会改变这种状态。如果我们还只是用以往的方式去衡量建筑设计，就会忽视大部分后面的事情。

2017 年 3 月 22 日于原作工作室

章明 ZHANG Ming

1968 年出生于上海
1990 年获同济大学建筑学学士学位
1995 年获同济大学工学硕士学位
2009 年获同济大学工学博士学位
2001 年至今任同济大学建筑设计研究院（集团）有限公司原作设计工作室主持建筑师
2010 年至今任同济大学建筑与城市规划学院建筑系副主任、教授
国家一级注册建筑师
上海市规划委员会城市空间与风貌保护专业委员会专家
上海市建筑学会建筑创作学术部主任
中国建筑学会城乡建成遗产学术委员会理事
中国建筑学会工业建筑遗产学术委员会学术委员
1968 Born in Shanghai, China
1990 B.Arch from Tongji University
1995 M.Eng from Tongji University
2009 D.Eng from Tongji University
Principal Architect of Original Design Studio, Architectural Design & Research Institute of
Tongji University (Group) Co.,Ltd. from 2001;
Deputy director and Professor of Department of architecture, College of Architecture and
Urban Planning, Tongji university from 2010;
National 1st Class Registered Architect;
Expert Member of Urban Planning Commission of Shanghai;
Director of the Academic Department of Architectural design of the Architectural Society
of Shanghai.

张姿 ZHANG Zi

1969 年出生于上海
1991 年获同济大学城市规划专业学士学位
1995 年获同济大学建筑学硕士学位
2001 年至今任同济大学建筑设计研究院（集团）有限公司原作设计工作室设计总监
国家一级注册建筑师
1969 Born in Shanghai, China
1991 Bachelor's degree in Urban Planning from Tongji University
1995 M.Arch from Tongji University
Design Director of Original Design Studio, Architectural Design & Research Institute of
Tongji University (Group) Co.,Ltd. from 2001;
National 1st Class Registered Architect.

原作（章明 + 张姿）

ORIGINAL（ZHANG Ming + ZHANG Zi）

章明 + 张姿◎是控制与摆脱控制之间的博弈。既有的理想建筑范式在带来专业安全感的同时，又使建筑学明显地感受到它的制约。一些建筑师们开始注意并回归到建筑中那些更为本源的东西——不是出于既定的逻辑秩序或预设的场景，而是一个自发生成的、可以探索与挖掘的丰厚积层。他们开始隐约意识到沉潜于建筑制度下的建筑本源：它是对真实世界的感应与反馈的过程，是通过深入挖掘寻求相互间关系的过程，是一个可以包容不同个体及其存在方式的混全场所，同时也是规避既有模式、寻求更广泛可能性的探索。

原作
章明 +
张姿

李翔宁◎在全球化与地方性的两极之间，您如何定位自己作为一名建筑师的文化身份？

章明 + 张姿◎一个类似于文化守望者的角色。

前些日子我们在讨论中国未来乡村应该是什么样，但这恐怕不是我们的主观想象能勾画出来的，就像 30 年前我们无法想象未来的城市是今天这个样子。我们不能确切地预测出城市的未来，但我们看待过去的态度可能在很大程度上会影响我们的未来。城市乡村的问题其实是一样的。文化守望者是一个绵延不绝的文化流程中的转承，它让文化从过去流到它的身上，又从它的身上流向一个不能确知的未来。建筑师能起的作用就在于建立起一个关联的脉络，让城市或乡村的昨天、今天与明天在一个连续不断的轨迹上可以相互对望，而不是让它告别荒芜的过去，或是为它嫁接一个无本无源的乌托邦式的未来。

李翔宁◎请简要描述一下您作品中最重要的元素或特征。

章明 + 张姿◎主要有四点。一是循脉潜行：场所精神既存在于锚固于场地的物质存留，又存在于游离于场地的诗意呈现，对场所的创造性挖掘，不仅是设计的前提，更是设计的契机。

二是因借生长：巧于因借，精在体宜。设计精妙之处就在于其因形借势，体量合宜，收放适度，自然生长。

三是游目观想：中国人的空间体验观可以被形容为一幅展开式的长卷，景象以步移景异的形式呈现出来，并以一帧帧的画面定格下来。它导致景物的呈现往往非同时同地，避免了将视点固定在一处的局限。最终，这些分别悬置于意念中的对象，通过文化精神的法则和能体现这个法则的心灵去组织，达到意境的层面。

四是自在之境：建筑作为一种关系而存在，是对场所的诗学最有力的注解。建筑的性质在场所中生成、变换、成长，这才是建筑存在的真正的自由方式。

李翔宁◎从您的角度，怎么看当代建筑教育的发展走向？

章明 + 张姿◎建筑教育提供的是一个类似于普适性的体系，一个强调因果推导、由浅入深、层层演进的完整体系。建筑设计则不然。因为建筑于我们而言，就是一个混全的世界。它同自然的山水草木相连，同身体的经脉气韵相连，同思维的千丝万缕相连，同身边的万事万物相连。一语概之，如何看待世界，就如何做建筑。

由此我们希望能看到当代建筑教育有新的变化：更加注重感知力（对真实世界的感应与反馈能力）的养成，更加注重在既有环境中挖掘潜在价值的能力的养成，更加注重在真实社会中协作与协调能力的养成。

范曾艺术馆
FANZENG ART MUSEUM

项目名称
范曾艺术馆
项目地点
江苏省南通市南通大学内
建设单位（业主）
南通大学
设计时间
2010.11
竣工时间
2014.01
建筑面积
7 028 平方米
基地面积
6 400 平方米
结构形式
混凝土框架（带少量剪力墙）
摄影
姚力、苏圣亮

范曾艺术馆是为范曾书画艺术作品以及南通范氏诗文世家的展示、交流、研究、珍藏而建造。艺术馆以与传统文化有着紧密情感关联的"院"为切入点，依照三种不同的叠加的立体院落，突破性地将院落从物化关系中脱离，最终呈现游目与观想的合一，以期达到"得古意而写今心"的意境。

"关系的院"，表现在同时呈现的三种不同的院落形式，构架起以井院、水院、石院、合院为主体的叠加的立体院落。"叠合院落"的初衷是期望在受限的场地上化解建筑的尺度，将一个完整的大体量化解为三个更局部的小体量，更便于以人体尺度完成对院落的诠释。三种院子由于各自的生长理由被聚在一起，由于连接方式的不同又出乎意料地充满变数。

"观想的院"，表现为呈现相互融通的"之间"的状态，以局部关系并置的方式形成时间上的先后呈现，为游目式的观想体验提供可能。在非同时同地的景物片段中，局部的关系先后呈现。它们虽然并置于场所之中，却透露出层层递进的彼此勾连，在人的意识之中形成各自能动性的关联，从而滋生出混全的整体。

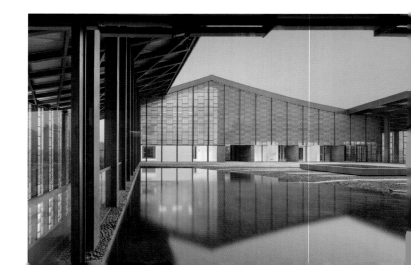

上图：底层架空井院
下图：三层屋顶合院
右页：藻井局部

"氤氲朦胧"的意境，讲究的是一个渐次打开的世界，于循序渐进中呈现舒卷而出的气场。艺术馆的"边界扩散"的主张以分散展陈的方式打开了以往封闭展陈的壁垒，开拓出弥漫性的探索氛围。以路径体验为导向的叙事方式取代了以往围绕展陈进行铺展的框架与描述，以平静流畅的方式悄然打开探寻的通道，却又拒绝直白的表述，营造迂回转承的东方意味。艺术馆的设计基于黑白两种主色的调和来营造淡逸朴素、纯净朦胧的意境氛围，符合所谓"计白当黑"的意境，讲究有无之间的把控，不饱满中呈现饱满的观想。

左页：南立面主入口
上图：东南向平视
下图：南通大学总平面图

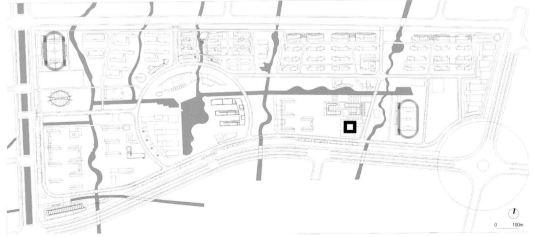

0　　　100m

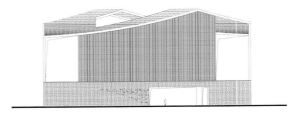

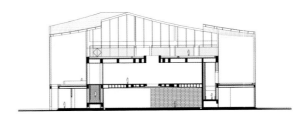

上图：入口大厅
左下图：二层大展厅
右下图：立面图、剖面图
右页：底层架空井院局部

上海当代艺术博物馆
POWER STATION OF ART

项目名称
上海当代艺术博物馆
项目地点
上海市黄浦区花园港路 200 号
建设单位（业主）
上海世博土地控股有限公司
设计时间
2012.08
竣工时间
2012.11
建筑面积
41 000 平方米
基地面积
19 103 平方米
建筑高度（办公建筑）
主厂房 49.8 米；烟囱 165 米
层数（办公建筑）
7 层
结构形式
砖木结构
摄影
张嗣烨、王远、苏圣亮、章明

作为 2010 年上海世博会后续利用与开发的重点项目，上海当代艺术博物馆由世博会城市未来馆改扩建而成，而城市未来馆的前身则是建成于 1985 年的上海南市发电厂主厂房及烟囱。经历了全方位改造后的原南市电厂已经蜕变为功能完善、空间整合、动线清晰的充满人文气息与艺术魅力的城市公共文化平台。六年的艰辛设计历程见证了一个昔日能源输出的庞大机器如何转变为推动文化与艺术发展的强大引擎。它落成后将与展示古代艺术的上海博物馆、展示近现代艺术的中华艺术宫互相呼应，使上海艺术展藏的格局更为完整，脉络更为清晰。

设计对原南市电厂的有限干预，最大限度地让厂房的外部形态与内部空间的原有秩序和工业遗迹特征得以体现，同时又刻意保持了时空跨度上的明显痕迹，体现新旧共存的特有的建筑特征。博物馆以开放性与日常性的积极姿态融于城市公共文化生活，以空间的延展性有意模糊了公共空间与展陈空间的界定，不仅给颠覆传统意义上人与展品间的关系创造出诸多机会，更为日常状态的引入提供了最大可能性。它以多样性与复合性的文化表达诠释人与艺术的深层关系，以漫游的方式打开了以往展览建筑封闭路径的壁垒，开拓出充满变数的弥漫性的探索氛围。

它是一个触手可及的艺术馆，一个公平分享艺术感受的精神家园，更是一个充满人文关怀的城市公共生活平台。

上图：烟囱内螺旋展廊
下图：全景
右页：建筑主入口

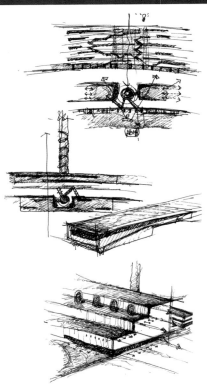

对页上图：烟囱及辅助建筑
对页左图：北立面细部
对页右图：手绘草图
上图：8 米平台开放式展场
下图：北中庭

上图：七层展厅
下图：一层门厅
右页：二层开放展示空间

上海市延安中路 816 号修缮改扩建项目

REHABILITATION AND RENOVATION PROJECT OF THE FORMER RESIDENCE OF YAN TONGCHUN

项目名称
上海市延安中路 816 号修缮改扩建项目
（解放日报社）

项目地点
上海市延安中路 816 号

建设单位（业主）
文新报业经济发展有限公司

设计时间
2014.11

竣工时间
2015.06

基地面积
3 692 平方米

建筑面积
5 370 平方米

建筑高度（办公建筑）
16.9 米

层数（办公建筑）
3 层

结构形式
钢筋混凝土结构

摄影
章勇

设计通过对优秀历史建筑 A、B 楼（原严同春宅）进行保护性修缮设计，同时对场地内的历史保留建筑 C 楼（20 世纪 80 年代扩建）及基地环境进行整体改造提升，更新激活城市空间秩序，再现传统街区的当代社会价值及文化内涵。

由林瑞骥先生设计的严同春宅始建于 1933 年，建筑总体布局为中国传统的两进四合院型，然而建筑造型和建筑装饰大都采用西方形式，只是在外观上略加中式图案。其先后作为上海市仪表工业局办公楼及上海仪电控股（集团）公司总部。1998 年延安路建高架，拓宽马路，该花园住宅第一进被拆除，主楼、内院和花园保存下来，后作为酒店、旅馆等商业用途。1994 年 2 月，被列为上海第二批第三类优秀历史建筑。

建筑及场所始建至今，内部院落始终作为核心空间构成元素存在，设计保留了核心内院，通过景观整治和立面修缮等方式，强化庭院的主导地位；同时整理院廊空间体系，突出层层递进、景观渗透的空间特质。历史建筑的现存状态反映了城市既存空间的历时性和即时性：历史建筑不单是历史的见证，通过对主体性的认知，它还可以自觉地介入当下，成为一种自明性的建构过程。本次设计实现了对于历史建筑的保护由"原初状态的复原"向"当下真实的保留"的转变。

上图：相互融通的空间关系
下图：从 C 楼看 A、B 楼及花园
右页：从 A 楼看连廊及 C 楼

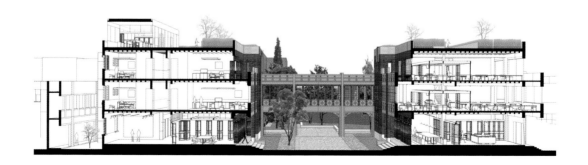

参与历史的建构：结合功能的有限介入，使当下的活动参与历史的连续建构。

丰富历史的内涵：结合历史建筑和既有建筑不同的介入力度，修旧如故或扩新以新，彰显场所的当代价值。

拓展历史的维度：延承传统空间秩序，演绎历史环境元素，通过新旧比对，激发历史街区的潜在活力。

对页上图：A 楼南立面
对页下图：延续空间的秩序
上图：中央庭院
下图：入口立面

上图：C 楼屋顶平台
左下图：C 楼及南侧花园
右下图：C 楼下沉庭院

童明 TONG Ming

1968 年出生于江苏南京

1990 年获东南大学建筑学学士学位

1993 年获东南大学建筑学硕士学位

1999 年获同济大学建筑与城市规划学院城市规划理论与设计专业博士学位

1999 年留同济大学建筑与城市规划学院任教，至今担任城市规划系教授、

博士生导师

TM Studio 主持建筑师

兼任上海市规划委员会专业委员会专家

上海同济城市规划设计研究院总规划师

1968   Born in Nanjing, Jiangsu Province, China

1990   B.Arch from Southeast University

1993   M.Arch from Southeast University

1999   Doctor's degree in Urban Planning from Tongji University

1999-present Teaching at Tongji University

Professor of Urban Planning and Ph.D. Supervisor at Tongji University;

Principal Architect of TM Studio;

An Expert Member of Urban Planning Commission of Shanghai;

General Urban Planner at Shanghai Tongji Urban Planning Institute.

童明

TONG Ming

童明◎似乎当代建筑每一个方面都面临着巨大的挑战:从过度丰富的材料技术的选择,到极其严苛的规范流程的要求;从过分富足或者过分贫瘠的经济能力,到过分复杂或者过分草率的建构过程;从社会经济过程的崩析,到审美共识性的瓦解……我认为相比较以前,令当代建筑最为苦恼的是,我们经常不知道为谁而设计,为什么而设计。经济、坚固、美观的基础问题似乎已经不再,每一个方面都处在流变之中,而建筑师则不得不为他们的每一个方案绞尽脑汁地寻求叙事性的借口。如果需要从这些数不清的困惑中挑选出一个最主要的挑战,那么仍然还是千百年来关于建筑本质的问题,也就是如何将建筑从漠然的房屋生产过程中界定出来。或许更为悲观一些的是,这种界定的可能性在当代的情境下也变得微乎其微了。

童明

童明◎我想不管愿意不愿意,在意识形态上,现在几乎每个人都生活在全球与地方的两极之间,这不是一个关于对策的问题,而是一种关于本能的问题。我想现在没有什么人能够说清楚自己的地方性是什么,也没有什么人能够说自己已经足够全球化;在两极之间,就是当前的一种存在状态。如此而言,刻意地去界定文化身份是徒劳的。我好像已经越来越淡忘了什么是我所在地域的建筑,什么是中国的建筑,这种东方与西方、当今与传统的纠结已经变得越来越没有意义,因为它们所映射的对象已经完全模糊地混合到了一起,由此,我越来越能够体会卡洛·斯卡帕所说的,"我是一个从古罗马经拜占庭来到这里的威尼斯人"。所以对我而言,文化身份并不是与地点相关,而是与时间相关。因此我从来没有特别在意自己的文化身份,而更愿意注重于自己所要面对的难以定型的事情。

童明◎我很难描述，因为这需要进行一定的简化，从而也相应简化了每一个项目在过程中的特定情境与问题。相较而言，我更加坚持建筑设计的现实性，也就是在一种真实的社会环境下进行设计，由此需要应对特定的人物、对象、条件、目标来思考对策，而不是按照一种艺术家的模型，首先建立自己的一种标识性，然后以此来套用所面对的一切工作。我视建筑师的工作如同医生，你不可能根据高矮胖瘦、贫富弱强、政治立场或者意识形态来选择你的患者，也不可能以自己某种可识别的符号或者一致性的思维来对待千差万别的每一个案例。事实上，我认为在这一问题背后所隐含的思维方式，正在毒害着当今的建筑学。

李翔宁◎从您的角度，怎么看当代建筑教育的发展走向？

童明◎无从预测。如果需要设定一个方向才能教育，当代的建筑教育无疑将会走向没落。因为在现实中我们基本上已经看到，校园中无论怎样的教学实验，在学生日后的工作实践中能够产生直接影响的数量寥寥。或者换一个角度而言，任何形式的建筑教育都有可能产生杰出的建筑大师，也就是传统的水墨渲染、画作联系可以产生出路易斯·康、斯蒂文·霍尔这样观察敏锐、心思缜密的大师，计算机模拟、数字化设计也可以产生扎哈、弗兰克·盖里这样创意充沛、形式独特的事务所。一个学校在时代潮流的影响之下，在教学方式上进行一些方向性的变革也是自然，但相比较而言，大家关于模型、手绘、影像、计算机这些手段，或场所、材料、题材这些因素纠结得多了一些，对于"设计"这件需要搏斗的事情在教学中讨论得倒是少了。

韩天衡美术馆
HAN TIANHENG ART MUSEUM

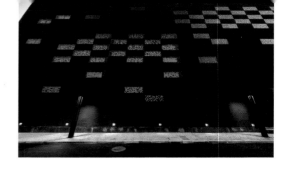

项目名称
韩天衡美术馆

项目地点
上海市嘉定区博乐路 70 号

建筑师
童明、黄燚、黄潇颖

建设单位
上海飞联纺织有限公司

合作单位
苏州建设集团规划建筑设计院

设计时间
2011.10

建成时间
2013.10

用地面积
14 377 平方米

总建筑面积
11 433 平方米

韩天衡美术馆坐落于嘉定老城区的南入口处，其前身为拥有 70 多年历史的上海飞联纺织厂。自 20 世纪 40 年代开始建造以来，飞联纺织厂的老厂房采用的建筑形式基本上都是典型的锯齿形，从三跨的简易木结构开始，陆续增建到 70 年代的预制混凝土结构，老厂房逐渐扩展为 11 跨，连绵成片。从空中俯瞰，层层叠叠的机平瓦呈现出一轮轮的红色波浪，构成了一幅纺织厂的经典图景。到了 20 世纪八九十年代，随着生产规模的扩大和生产形式的改变，飞联纺织厂在南侧加建了一幢两层楼的精梳车间，在北侧又增建了一幢三层楼的青花厂房，同时在周边及缝隙中填充了各种杂乱的库房与机房。

面临这样一种格局，建筑设计首先依照现场情况，确定需要保留和拆除的部位，然后根据保留建筑的结构和空间特征提出不同的改造意向。在此基础上，结合将来的功能要求，针对保留建筑进行改造，并且填补新的增建部分，为整体结构提供交通联系和辅助功能。美术馆的入口选择在青花厂房与老厂房的接合部位，它正好将原先保留下来的红砖烟囱包裹其内，通过一个 15 米通高的空间转折后，在东侧形成了一个巨型门廊，与其他支撑性的钢柱共同构成一个具有舞台效果的背景，预示着在这座美术馆中将要上演的剧目。

上图：改造后青花厂房北侧立面
下图：老厂房屋面夜景
右页：美术馆入口中庭

改造之后的美术馆固定陈列上海著名篆刻艺术家韩天衡先生毕生创作的重要作品，以及他捐赠给嘉定区政府的一千多件珍贵艺术收藏品。与此同时，美术馆还包含相应的临时展厅和辅助设施，为嘉定区及更大的市域范围提供进行各种文化活动、艺术展览、教学和休闲活动的场所。

左上图：美术馆入口门廊
左下图：中央庭园窗景
右图：美术馆入口中庭

周春芽艺术工作室
ZHOU CHUNYA ART STUDIO

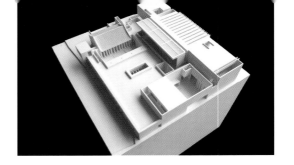

项目名称
周春芽工作室

项目地点
上海市嘉定区马陆镇大裕村

建筑师
章明、黄潇颖

委托人
周春芽

设计时间
2008.01 – 2009.08

建成时间
2010.04

建筑面积
1 460 平方米

场地面积
3 000 平方米

周春芽艺术工作室的建造背景是上海市嘉定区郊外正在积极推进新农村建设，通过引入知名艺术家及艺术活动，为城市外围相对偏远的农村地区注入新的发展活力，以达到新兴文化产业与乡村优美景观的结合。工作室的基地三面环水，周边是典型的江南水乡风貌。为了适应这种充满野趣的自然环境，建筑选择采用清水混凝土的结构及外表，以体现艺术工作空间的品质与氛围。

设计以艺术家本人的工作及其生活特征为主要出发点，同时结合基地现场特征，将工作室在总体上分为东西两个部分。东侧沿河为两层楼高度的长条体量，以容纳艺术家的工作空间及居住空间，总体上对外相对封闭，以保证私密性的要求。西侧原先存有一幢移建的传统建筑，它在建造过程中被完整地保留下来，在设计过程中作为新建工作室的一个主要线索，从而形成由建筑和庭院组合而成的空间序列，以用于艺术家较为频繁的公共展示活动。由于东西两部分建筑存有高差，西侧一层部分的屋面被设计为屋顶平台，并经由各种交通联系与艺术家的工作空间和生活空间联系起来，从而扩大了公共面积，提供了多重的使用可能性，另一方面也为工作室提供了一个开敞的四周景观。江南春季多雨，屋面的雨水排放采用明沟系统，并与采光天窗的改造结合起来，使得雨水的流淌为人所见，以显示地方的特征。

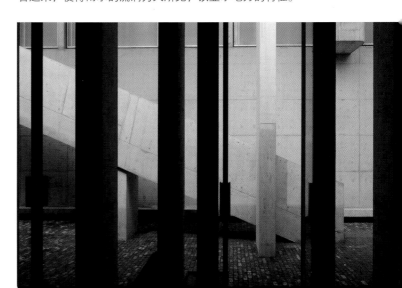

上图：工作模型
下图：内廊庭院
右页：入口庭院

上图：北侧临水平台
下图：临水平台
对页上图：北侧沿河立面
对页下图：一层平面图

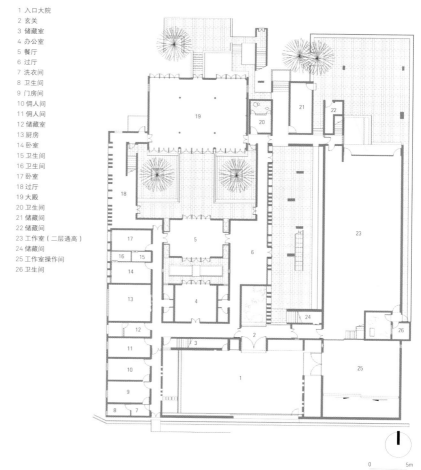

0   5m

上图：内庭院

梓耘斋西岸工作室
TM STUDIO

项目名称
梓耘斋工作室
建筑师
童明、黄潇颖、朱静宜
项目地点
上海市徐汇区 2599 号
设计时间
2015
建设时间
2016
基地面积
140 平方米
建筑面积
180 平方米

梓耘斋的西岸工作室的建筑设计就是一场对功能与结构之间关系的纯粹思考，从简单的原型结构中，逐步衍生出适用于功能状态的多层次变化，通过对功能、结构、材料及形式等建筑设计基本层面的思考，注重于如何将这些方面的思考与现成物因素进行整合，从而建构出一个具有特定意义的空间形式。

在西岸工作室的项目中，梓耘斋工作室是最后一个决定加入的工作室。在此之前，大舍、致正、高目已经就这块狭长地块如何划分，以及在五年短暂使用期限内如何使用等问题进行了多方面的考虑，得出的结论是采用轻钢加砖混的混合结构方式，多快好省地进行建造。于是，半预制化的镀锌钢材、U 型钢板、发泡保温层等结构与材料就成为建造前提，工作室未来的使用状态以及由此而来的建筑形式则会在设计过程中生成。为了给北部庭院及致正工作室的二层空间留下足够的日照间距，梓耘斋工作室局部二层的建筑体形就此成为南高北低的效果。再加上与其他三个邻居已经确定下来的双坡顶的体量关系、内部结构和面层材料，一座建筑的大致景象由此确定。

上图：外观模型
下图：西南侧外观
右页：西立面

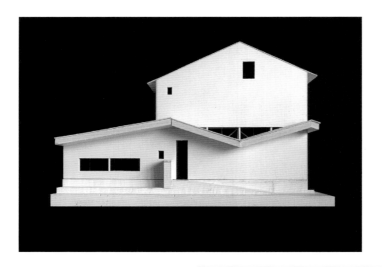

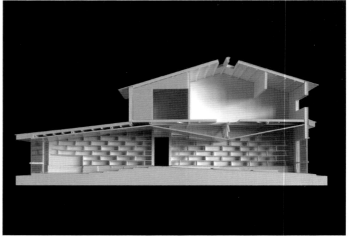

1 小茶室
2 小讲堂
3 小展厅
4 厨房
5 卫生间
6 小庭院

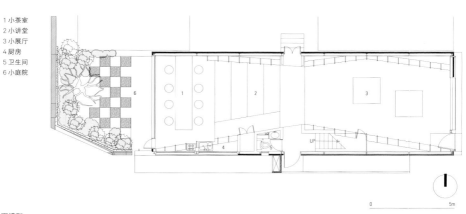

0   5m

上图：剖面与立面模型
下图：一层平面图
右页：北侧立面

粗略的形体关系以及结构形式只是建筑设计的一个起点，在随后方案的发展过程中，总体性的任务就是如何把工作室那种特定的使用方式融入这样一种似乎已经定局的支撑性结构，并且是通过一种经济适应性的方式来完成的。最终凝结出来的结果同时也反映出对于功能不确定性的思考：这样一个小小的空间既能够满足常规性的办公需求，又能容纳一定的交流活动，既能够举办一些专业展览，也能开展一些小型讲座。这种灵活性与适应性意味着它可以把一种明确的结构性原型与潜在的多样性事件组织到一起，从而让建筑变得生动有趣。

左页：工作室二层室内
上图：一层室内北侧
左下图：一层室内南侧
右下图：楼梯

王方戟 WANG Fangji

1968 年出生于上海
1990 年获重庆建筑工程学院工学学士学位
1993 年获同济大学工学硕士学位
1997 年获同济大学工学博士学位
1997 年至今担任同济大学建筑与城市规划学院教授
2004—2006 年担任南京大学建筑学院研究生建筑设计课客座教授
2007 年创建上海博风建筑设计咨询有限公司并担任主持建筑师至今
《时代建筑》杂志兼职编辑
《世界建筑》杂志编委
《建筑师》杂志特邀学术主持
《西部人居环境学刊》杂志通讯编委

1968 Born in Shanghai, China
1990 B.Eng from Chongqing Institute of Architecture and Engineering
1993 M.Eng from Tongji University
1997 D.Eng from Tongji University
2004-2006 Studio Adviser, School of Architecture, Nanjing University
2007-present Principal Architect, temp architects
Professor at College of Architecture and Urban Planning(CAUP), Tongji University from 1997;
Part-time Editor, *Time+Architecture* Magazine, Shanghai;
Member of Editorial Committee, *World Architecture* Magazine, Beijing;
Guest Moderator, *The Architect* Magazine, Beijing;
Corresponding Editor, *Journal of Human Settlements in West China*, Chongqing.

王方戟

WANG Fangji

王方戟◎随着技术可能性的增加，当代建筑能否在技术及建筑处理的关系中找到结合点，这也许是对当代建筑的最大挑战吧。

王方戟

王方戟◎通过与不同地区建筑师的接触，我感觉到虽然不少建筑师的活动可以被看作是很全球化的，但是他们的思考及实践方式都是很地方性的。这也许与建筑活动对当地人员、技术及材料的依赖度很高有关，也与关于设计实践的思考需要延续性和针对性有关吧。因而从文化上来看，建筑更是一个地方性的问题，需要的是对具体地区当下具体问题的持续思考。

王方戟◎无论是绵延持续的还是瞬间震撼的，建筑设计都以某种方式落实在一种感知体验上。虽然每次设计都有不同的出发点，但从体验这个角度看，在与设计相关的很多因素中，我们相对更多地关注了以动线为依据的空间递进关系。希望通过对围绕在动线周围空间的塑造，创造出更多的外与内、空间与空间之间的连续。

王方戟◎今天的建筑教育是一场对与建筑相关的不同问题越来越深入的讨论。问题不断地细化，讨论也不断地深入。可以预见在大多数院校中，建筑教育的发展趋势会是这样不断分化及深化下去，很多分枝将逐渐强化并独立。当然，今天应该分析一下这种分化的利弊，并追问一下建筑教育的初心是什么？虽然这种分化对于争取科研成果无疑是有利的。

环轩
ROUNDABOUT VERANDA

项目名称
环轩

建筑设计
上海博风建筑设计咨询有限公司

建筑设计团队
王方戟、李鹏、殷慰、马海韵、肖潇、陆少波

项目业主
浙江邦泰置业有限公司

项目地点
上海

项目类型
老建筑改建

设计及建设时间
2012 – 2013

建筑面积
1 680 平方米

摄影
上海博风建筑设计咨询有限公司

环轩是一座底层为餐厅，二层为旅舍客房的小型娱乐建筑。它坐落在上海近郊一片绿色浓密的园区中。建筑东、南、北三面基本被水面围绕，剩下西南角接着陆地，并从这里通过道路与位于南面的园区主入口相连。建筑由一座一层的平面为矩形的烂尾楼改造而成。

在建筑的底层，经过功能位置的经营，创造出一个让人由西面进入并在建筑中环绕的流线。在流线上，人们从外部茂密的树林处开始，经过压低的雨棚，慢慢接近建筑北部的边缘，其视线兜圈横扫过建筑北面的水面及对岸的连续景色，并逐渐转向南面。面对南面后他们能再一次看到来时已经路过的南部花园的景色。

二层的设计中将走廊天顶设置为天窗，让二层的内走廊给人感觉像是一个内院。二层朝南处设置一个露台，除了为内廊提供光线及外部景色外，它也使建筑在面对园区入口方向上有一种形象上的呼应。
为了化解体量的压迫感，设计中将二层临水的空间进行局部降低，处理成退台形式，让建筑最外缘顶部外轮廓线降低，离水面更近。被降低的空间中设置净高为 2.4 米的阳台，使其空间在横向上展开。这种横向延展的阳台对视觉中的上下边沿进行了编辑，使周围景色给人一种更加延展、宽阔的感觉。

上图：北侧的模型照片
下图：环轩北立面局部
右页：石材帘幕下的游廊

立面处理上利用干挂石材的龙骨悬挂原理，将其处理成内外两个面都加以展示的模式，同时按规律减少部分石材。这时干挂石材就从一种覆盖结构体的包裹材料，变成了一种内外都具表现力的像百叶一般的表面材料。这种构造处理使建筑外立面保持了尽量多的实墙面，满足了业主对形态的要求，同时，室内可以透过干挂石材的缝隙看出去，有一种通透开敞的感觉。

上图：从北面对岸望过来的建筑形象
下图：从西面对岸望过来的建筑形象
对页上图：环轩西立面上的主入口
对页下图：总平面图

1 门廊
2 门厅
3 厨房
4 咖啡
5 接待
6 大包房
7 水边平台
8 杂院

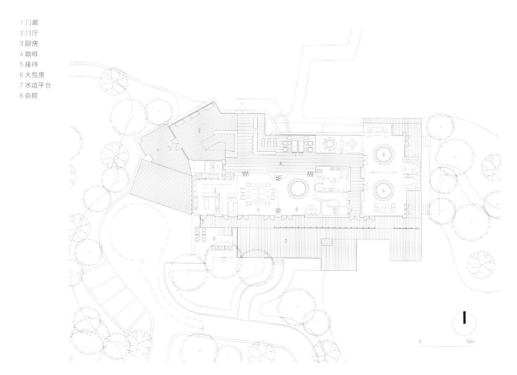

0   10m

七园居
SEPTUOR

项目名称
七园居

建筑设计
上海博风建筑设计咨询有限公司

建筑设计团队
王方戟、董晓、肖潇、张婷、陈长山、钱晨、林靖、刘雨浓、吴恩婷

软装设计
杨国亮

项目地点
浙江德清对河口村西岑坞

设计／建成时间
2015.05／2016.12

建筑面积
645 平方米

基地面积
950 平方米

摄影
田方方（pp. 260-261）、上海博风建筑设计咨询有限公司

七园居坐落在浙江德清荷叶尖、岩山顶和骑竹顶三座山峰之间的山谷中，石门坑溪沿着基地旁蜿蜒流淌。这座山间旅舍由一座老民宅改建而成。这座民宅与周围大多数民宅一样都是 20 世纪 80 年代前后建造，其主体为插梁式木结构，左右墙及后墙都为夯土墙。业主计划保留主体民宅结构，拆除民宅周围其他辅助建筑，对老建筑改造及加建后形成新的旅社。主体民宅一楼改造成大堂和两间客房，二楼改设为四间客房。新增的部分，首先是在木结构之后添加一个与其平行的钢筋混凝土新结构，以承载卫生间设备，然后在建筑背面的底层新增一间圆形的客房及厨房，在二层新增一间餐厅。主体民宅的北侧原有一间披屋，其基地标高比民宅地坪低 1.8 米。设计中在披屋原址及原标高上新建了紧邻溪水的咖啡厅。咖啡厅既可以从东面院子方向通过一条下行的坡道进入，也可以从大堂内下一段楼梯后进入。设计中也为不同客房设置了不同的进入路径，让建筑更符合人们对乡村旅舍的预期，延续了从环境到客房的体验。经过平面及建筑体量的组织，建筑中每间客房都有一个独用的露台或院子，这是"七园居"名称的来源。新旧建筑功能的差异导致它们的开间有很大不同。这样老建筑的木柱结构便在房间中出现，加上房间中木屋面或木楼板的展示，让住客能感受到老房子所经历的历史。客房及大堂都结合具体的流线及内部布置，在入口处对空间进行了压低，让房间空间从其他空间的系统中独立出来。

上图：七园居模型照片
下图：五号客房卫生间与上屋顶露台的楼梯
右页：七号客房室内

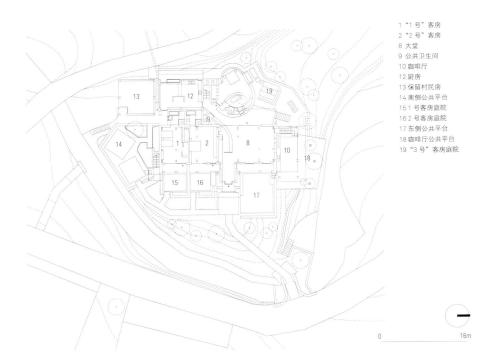

1 "1号"客房
2 "2号"客房
8 大堂
9 公共卫生间
10 咖啡厅
12 厨房
13 保留村民房
14 南侧公共平台
15 1号客房庭院
16 2号客房庭院
17 东侧公共平台
18 咖啡厅公共平台
19 "3号"客房庭院

0　　　　　　　　16m

对页上图：从主入口看七园居
对页下图：一层平面图
上图：三号客房室内
中图：从大堂玄关看后院
下图：四号客房及庭院轴测

265

瑞昌石化办公楼
RUICHANG PETROCHEMI-
CAL OFFICE BUILDING

项目名称
瑞昌石化办公楼

建筑及室内设计
上海博风建筑设计咨询有限公司

设计团队
王方戟、肖潇、蔡慧明、李鹏、田中浩介等

项目业主
洛阳瑞昌石油化工设备有限公司

建筑施工图配合
河南智博建筑设计有限公司

幕墙及室内施工图配合
沈阳市博雅装饰工程有限公司

总建筑面积
10 977 平方米（地上 8 060 平方米，地下 2 917 平方米）

结构形式
钢结构

设计时间
2011.08 – 2013.12

施工时间
2013.04 – 2013.12

摄影
上海博风建筑设计咨询有限公司

为增加办公空间，业主欲紧贴厂区中现有厂房北面新建一座办公楼。项目开始时，建筑基础的施工已经完成，设计需要在原有结构柱格局不变的条件下进行设计。建筑场地前后之间有 4.5 米的高差，新办公楼背面的厂房地面标高在低处。设计中将新建筑的地下室作为厂房使用，让车间空间延伸到办公楼地下。在流线上半地下层的车间空间与地面上的办公空间相互独立。

按照业主要求，建筑为三层，每层层高 6.6 米。基本原则为矩形平面，每层的中间为开敞式办公室，两端设置层高 3.3 米的夹层，作为部门经理的小办公室。为了在建筑中容纳层高要求不同的一个多功能厅、一个食堂及一系列不同面积的会议室，设计对楼板高度作了局部的调整。

从形态上看，建筑是一个巨大的底部台阶状的悬浮箱体，其下为透明、多孔的体量以及直接暴露出来的钢结构构件。箱体之下二层楼面处设置了一排连续的凹凸玻璃盒子。从内部看，它们是一系列低矮亲切的空间；从外部看，它们的存在混淆了视觉上楼层线的感觉，让建筑立面的尺度感变得含糊，让人们可以更加自由地对建筑立面展开阅读。建筑二层西北角的部分夹层空间被取消，开放出来形成一个二层通高的半室外露台。这不仅给室内带来了极为开敞的感觉，也是形态对城市街道转角的一种呼应。

上图：从楼梯间看二层办公空间
下图：主楼梯间仰视
右页：入口近景

建筑内部由一个贯通所有楼层的长方体中空主楼梯间来统领。这个空间在不同楼层上被流线、视线以及楼梯的梯段占据、切削及穿透，其形态产生了变异。在这个空间中，楼梯从低到高，起点及落点不停地往西移动，最后一跑完全移出这个空间，进入另外一个与这个空间相通的侧空间中。

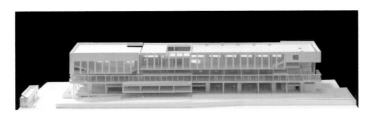

上图：二层办公区景象
中图：一层开敞办公区
下图：北立面模型照片
对页左上图：一层办公区走廊
对页右上图：从楼梯间看入口门厅
对页下图：会议室内景

庄慎 ZHUANG Shen

1971 年出生于江苏吴州
1994 年获同济大学建筑学学士学位
1997 年获同济大学建筑学硕士学位
1997—2001 年就职于同济大学建筑设计研究院，任建筑师
2001—2009 年与柳亦春、陈屹峰合伙创立大舍建筑设计事务所，任主持建筑师
2009 年至今与任皓、唐煜、朱捷合伙创立阿科米星建筑设计事务所，
任主持建筑师
2014 年受聘为同济大学建筑与城市规划学院客座教授
1971 Born in Wu Zhou, Jiangsu Province, China
1994 B.Arch from Tongji University
1997 M.Arch from Tongji University
1997-2001 Architect, Architectural Design & Research Institute of Tongji University
2001-2009 Partner and Principal Architect of Atelier Deshaus
Co-Founder and Principal Architect of Atelier Archmixing from 2009;
Visiting professor at College of Architecture and Urban Planning, Tongji University from 2014.

庄慎

ZHUANG Shen

李翔宁◎您认为当代建筑所面临的最主要的挑战是什么？

庄慎◎我认为可能是对于建筑学本身的信心问题吧。建筑学衰弱，趋向于向资本、权力、产业、技术、文化、工艺等扩展意义，寻求持续或进步的方向，然而这样的努力同时带来的还有更深的失落。建筑学本身超越进步、时代、地域等方面的探索反而被推开，被淡忘了。

庄慎

李翔宁◎在全球化与地方性的两极之间，您如何定位自己作为一名建筑师的文化身份？

庄慎◎我们并不试图在全球化与地方性的坐标里寻找自己感兴趣与定位的领域。我们试图在这个体系之外，通过可触及的工作与现象，探索不受时代进步与地方文化限制的建筑学规律。

李翔宁◎请简要描述一下您作品中最重要的元素或特征 。

庄慎◎我们的工作关注中国的城市状态与城市中的普通建筑，认为日常改变是其区别于他者的特征。城市当中可见的改变多种多样：既有轰轰烈烈的大规模城市建设和更新，也有建筑本身的生老病死、自然更替，更普遍的还有无孔不入、乏善可陈的日常改造，甚至是违章搭建。但是，社会性的讨论主要集中在具有进化意义的、完美独立、概念清晰、形式新颖的创造上，即使没有突出的艺术创新，至少也是投入大量人力物力、精心规划和建设的成果。而对生活中的这些断断续续、缺乏特征、或好或坏、非进化式的改变，即使注意到，有时也会认为是无意义的、不值得讨论的。"改变意味着进步""改变是为了进步"，这样的思想潜移默化影响着现代社会的整体价值观念。而实际工作当中，我们认识到"改变就是改变"。改变是常态，是普遍与日常，多数情况下，改变成了我们建筑的典型性，成了不变的东西。

在此观念影响下，我们的实践探索日益广泛，对日常城市的研究逐渐深入，并在双栖斋、黎里、莫干山蚕种场等系列改造项目中展开了对民间施工的了解与体验。同时，阿科米星开始执行"工作室搬家计划"——在上海一年搬一处，以浸入式去研究该区域的城市日常建筑。在此过程中，对于"使用调整""有效建造"的认识更加清晰，理论总结为《城市中的工作室》和《改变即日常》。改变的城市变得越来越重要，也越来越自由。城市是一种新的自然，尽管有种种不堪，但是充满力量，我们称其为"空间冗余"，并把相应的设计策略与方法形容为"非识别体系"。

我们用"冗余"来描述城市建筑空间的重复、多余、残留、错位等状态。这些现象通常会被冠以"剩余""过量""溢出"等带有无效价值意味的判断词，我们却认为，这种通常被当作不纯净、不高效、不完美的状态，某种程度上是必然的、必需的，是一种复杂、共存的自然状态。我们研究空间冗余，是希望从另一个角度审视城市建筑的生存规律，将建筑学放置到更长远的历史周期里、更广泛的存在状态下进行审度和反思。同时，我们用"非识别体系"来涵盖非主流建筑学或者不容易被清楚认识的知识体系，那些由于来源和特征不明显、不容易归类、边缘、杂交、过于普通、缺乏艺术创造性而被排斥在外的建筑现象。主张没有预设地将各种理念、技术和手段视为等价之物进行选择，不深究其背后特定的意义，不追溯其来源的正统或乡野，灵活、糅杂地加以应用。

这一时期的实践包括：陈化成纪念馆、衡山坊8号楼、徐汇龙华老人院、桦墅乡村工作室、新天地临时阅读空间等，研究论文包括《空间冗余》、《日常·改变·非识别体系》和《应用：作为行动和认知》。最近我们关心的是建筑的变化，使用之后的建筑，建筑的局部，建筑的内部。

李翔宁◎从您的角度，怎么看当代建筑教育的发展走向？

庄慎◎我并不清楚走向。我只是认为传统与学院的方式既不能有效地研究技术，与新的生产体系融合，也不能摆脱已有建筑学的体系式问题——概念体系是建筑学天生的困境。

陈化成纪念馆移建改造

REMOVAL RENOVATION OF CHEN HUACHENG MEMORIAL

项目名称
陈化成纪念馆移建改造

建筑设计
阿科米星建筑设计事务所 / 庄慎、任皓、唐煜、朱捷

设计团队
庄慎、任皓、方昱、田丹妮、杨毓琼、姚文轩、蔡宣皓（实习）、王轶（实习）

项目地点
上海市宝山区临江公园内

建筑类型
改造、加建

设计 / 建成
2014/2015

建筑面积
198 平方米

摄影
唐煜

陈化成纪念馆原址是上海宝山临江公园内一座巍峨的孔庙，因为孔庙恢复需要移建，业主要求利用公园内一处折尺形的小型附属用房做立面改造。设计师说服业主，在相同的造价下，改用空间整理的方式来重新组织流线及氛围。

熟悉与安静，是建筑师为这个纪念馆建筑营造的日常基调。设计主要引进了公园中最常见，也是比较节省材料的一种建筑类型——开敞围廊。四条长短不一、宽窄各异的单坡顶敞廊环绕在既有建筑的周围，形成连续的柱廊空间，并与原有建筑曲折的边界围合成大小形状不一的庭院。一方面，它有效地扩大和规整了纪念馆的空间和体量，最大限度地拉长了出入口流线，为这个不起眼的小建筑赋予了端庄体面的外观形象和富有韵律的空间序列，营造出必要的严肃氛围；另一方面，在保持原有建筑封闭外墙（这对馆内陈设是必需的）的情况下，实现了与公园环境融合的开放边界。

上图：入口内院与东廊
下图：从东侧坡地看到一线屋顶
右页：东廊内光影和座具

除了传统的坡顶围廊形式外，水泥砂浆抹面的主体和外侧廊柱，深色的内侧廊柱、木梁、木檩条、木椽子，砖望板和小青瓦的构造，被刷成黑色的精心设计的现代钢木节点，这些普通形式中体现出的低沉调性，是为了使新建筑形象不至于给公园的日常使用者造成视觉冲击。在阿科米星看来，针对日常环境中普通建筑的改造，控制设计的力量和欲望，强调建筑学的运用而非创造，不仅是一种值得重视的态度和方法，也蕴含着揭示平常生活本身张力的新契机。

1 新建游廊
2 入口庭院
3 保留建筑
（改建为展厅）
4 新建管理办公室
5 设备庭院

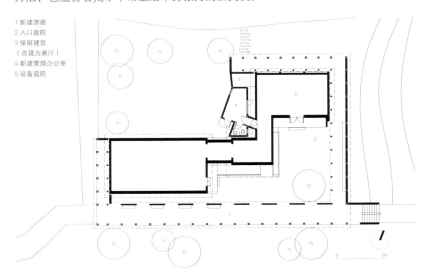

对页上图： 从内院望东廊看梁柱节点
对页下图： 平面图
左图： 纪念馆主入口
右图： 从南廊望入口内院和东廊

衡山坊 8 号楼外立面改造

FACADE RENOVATION FOR BUILD-ING NO.8, HENGSHANFANG

项目名称
衡山坊 8 号楼外立面改造

项目地点
上海市徐汇区

业主
上海衡复置业有限公司

建筑师
阿科米星建筑设计事务所 / 庄慎、任皓、唐煜、朱捷

设计团队
庄慎、王侃、杨云樵、解文静（实习）

设计 / 建成
2012.08/2014.06

建筑面积
275 平方米

规模
230 平方米

建筑功能
商业

类型
立面改造

结构形式
砖混结构

摄影
唐煜

为老洋房设计一层新表皮，使其融入上海历史保护街区的优雅环境，又在充满新奇变化的都市商业繁华中拥有独特的差异性和活力，是衡山坊 8 号楼立面改造的最大挑战。

衡山坊坐落于上海徐家汇商圈，由两排里弄住宅（1934 年）和建于 1948 年的数栋花园洋房构成，拟改造成精品商业。8 号楼位于整个街区的中心，一角朝向十字路口和广受欢迎的徐家汇公园。

设计的切入点是一种属于这里的日常变化：白天优雅安静，夜晚魅力四射。这种戏剧性效果依靠原创的产品——发光砖而非传统的霓虹灯或幕墙照明来实现。发光砖与传统青砖尺寸相同，混合砌筑，四个立面形成统一又简单的连续表皮。白天整体呈清水砖效果，自然融入环境；夜幕降临时，墙面会突然闪亮起来，像是点亮了一盏质感丰富的灯，使建筑从周围环境中脱颖而出。一天之内的不断变幻为路上的行人带来惊喜。发光体组件由拓彩岩透光板、匀光膜、导光树脂板和 LED 灯带集成，与约 9 厘米厚的不锈钢内线盒组成一块"砖"，其中拓彩岩透光板这种新材料创造出精致的纹理。

上图：窗户细节与发光砖的精致肌理
下图：白天宁静的立面
右页：主入口

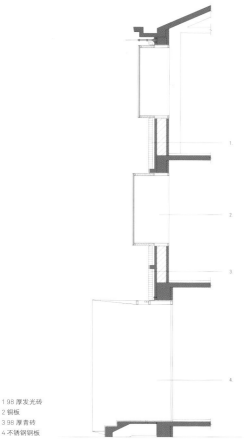

1 98 厚发光砖
2 铜板
3 98 厚青砖
4 不锈钢钢板

突出于建筑外墙的入口和挑檐全部由不锈钢板构成，同样的材料也应用于凸窗外壁，窗户内壁则覆盖赤铜色金属板。不锈钢使邻近的发光砖产生炫丽的幻影，赤铜色则为建筑增添了温暖感和繁华感。

发光砖最初拟用单元幕墙，后调整为与青砖一样采用砂浆砌筑。这既避免不同构造的细缝影响墙面的实体感，又便于每块砖单独维护，更强调了建筑由内而外自身透亮的戏剧感。

隐藏时的板正与放开时的漂亮都透着点矜持，这也是为这个变化的设计确定的统一性格。

左页：街巷局部
左上图：墙身大剖面详图
右上图：不锈钢板制成的入口及外窗反射出闪亮的发光砖
下图：总平面图

桦墅乡村工作室
HUASHU RURAL STUDIO

项目名称
桦墅乡村工作室
项目地点
南京市周冲桦墅村
建筑师
阿科米星建筑设计事务所 / 庄慎、任皓、唐煜、
朱捷
设计团队
庄慎、唐煜、王迪、陈向鹏、吴奇韬
设计 / 建成时间
2014/2015
建筑规模
252 平方米
项目类型
乡村改造
状态
已建成
摄影
唐煜

通过轻的介入，调整内外空间的调性，发现日常房子本身及周围环境的个性和特质，是南京桦墅乡村工作室主要的设计构想。

两座普通的村屋，位于南京桦墅周冲村南，周冲水库的堤坝下。一个是碾米仓库，外墙用石块砌筑；一个是农舍，外墙是砖混结构，水泥砂浆抹面。就室内环境与整体气质而言，农舍明亮一些，碾米仓库幽暗一些。两个房子彼此靠近，一起依附在水库堤坝下。

房子北侧为一片空场地，其东北角连接着一个荷花池。水库堤岸略高于房屋屋顶，挡住了房子的视线；一旦登上堤坝，则近旁的村落、远望的厂房、高处的水库、四周的农田池塘、环绕的远山近林，可尽收眼底。改造的一个重点是整理。光线明亮的农舍经过整理，空间变得明净而有仪式感，可用作阅览室；光线幽暗的仓库经过整理，氛围变得低沉而有质感，可用作交流室。

改造的另一个重点是扩展与联系。明间在入口处扩展了一个入口辅助庭院与一个架起的庭院，在此可登高望远，此空中庭院被称为"大眼睛"；暗间在房子东侧扩展了一个弯长庭院，一直伸到荷花池边，可用于室外聚会，被戏称为"长鼻子"。

上图：村舍、水坝和村庄
下图：夜幕下的村舍
右页：主入口

288

两处加建采用细小的钢（木）结构，相对各自的房屋呈现轻巧的依附状态，就像两个村舍与周围环境的依附一样。

构造选择尽量直接有效，包容过程的不确定。比如长庭院那些稳定性斜支撑，焊接处统一刷了小段防护涂料，形成简朴的细部。高庭院的预制螺栓结构，在施工现场改为一端锚接，一端焊接，也不会对设计概念和整体效果造成影响。

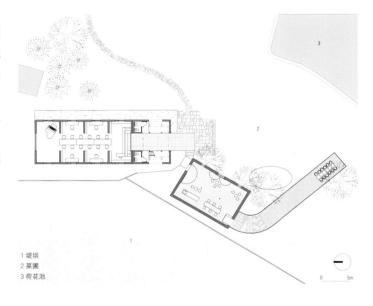

上图： 从入口庭院看交流室
下图： 平面图
右页： 阅览室

1 堤坝
2 菜圃
3 荷花池

0   5m

附录
建筑师实践作品年表

袁烽

2004
清华大学学生公寓（建筑师：赵秀恒、袁烽、汤朔宁）
九间堂（建筑师：袁烽、水雁飞）
2006
苔圣石工坊
大连路 D-office 办公空间设计
青浦盈浦街道社区服务中心
上海证大现代艺术馆改造
2007
同济大学大礼堂保护性改建（袁烽、陈剑秋）
江苏熔盛重工船厂办公楼及公寓
2008
上海奥克斯科技产业园
可乐宅
2010
绸墙
五维茶室
2011
成都非物质文化遗产公园
　　兰溪亭
　　宽窄院
　　土楼剧院
2012
卜石西岸玉石博物馆
武汉东湖国际会议中心
2013
张庙科普健身公园
2014
晶舍
2015
西岸 Fab-Union 艺术空间
松江名企艺术产业园区
南京绿博园
2016
池社
诺华总部基地室内设计
瓷语堂
卜石新天地玉石博物馆
江苏省园博会现代木结构主题馆
上海香格纳画廊改造
2017
千岛湖进贤湾度假区安龙公园缆车站
成都竹里

致正（张斌＋周蔚）

2004
同济大学建筑城规学院 C 楼
2006
同济大学中法中心
2009
新江湾城中福会幼儿园
安亭镇文体活动中心
2010
青浦练塘镇政府
徐汇滨江世博配套工程动迁还产用房
2012
上海文化信息产业园一期工程 B1 地块，十院书屋
远香湖景观建筑
　　远香湖公园憩萌轩茶室
　　远香湖公园叠翠山庄餐厅
　　远香湖公园探香阁
上海文化信息产业园一期 A 地块
2013
绿洲控股集团总部大楼
上海国际汽车城东方瑞仕幼儿园
2014
崧淀路初中
松鹤墓园接待中心
2015
同济大学浙江学院图书馆
中福会浦江幼儿园
南顾浦泵闸管理用房
苏州科技城实验小学
徐家汇观象台修缮工程
致正建筑工作室西岸临时办公室
前滩友城公园 3 号 4 号建筑
2016
秀涓路幼儿园
南淀浦河菜场
上海国际汽车城汽车研发科技港
聚鑫滨江大厦
张江中区东单元教育公建配套项目（三十班小学）

大舍（柳亦春＋陈屹峰）

2003
东莞理工学院文科楼
东莞理工学院电子信息馆
2004

夏雨幼儿园
2005
青浦区朱家角港监站
2006
江苏软件园吉山基地 6 号地块
2008
嘉定新城区燃气管理站
嘉定新城幼儿园
2010
螺旋艺廊 I
螺旋艺廊 II
青浦青少年活动中心
2012
上海龙美术馆西岸馆
上海国际汽车城研发港 D 地块
2013
上海嘉定桃李园学校
雅昌（上海）艺术中心丁乙楼
上海西岸江边餐厅
2014
上海西岸艺术中心
2015
大舍西岸工作室
花草亭
华鑫慧享中心
老白渡码头煤仓改造
台州美术馆
2016
上海凌云社区公共事务服务中心
壹基金援建天全县新场乡中心幼儿园
例园茶室
上海日晖港步行桥（合作设计大野博史）

李麟学

2005
四川大学江安校区行政楼
四川大学江安校区第一教学楼
上海电视大学教学综合楼
2007
葛洲坝大厦
2008
盐城市盐阜宾馆迁建工程
上海市青浦区业余体育学校
东营会展与国际会议中心
2010
上海市青浦实验学校
中国 2010 年上海世博会城市最佳实践区

292

B-3 馆
黄河口生态旅游区码头
都江堰灾后重建"壹街区"K01 地块
2011
嘉定新城德富小学
三亚城市职业学院
四川国际网球中心
上海纺发纪蕴仓库改造
2014
黄河口生态旅游区游客服务中心
2015
青岛嶺海温泉大酒店
2016
南开大学津南校区学生活动中心
义乌世贸中心
2017
上海崇明国家级体育训练基地一期项目
中国商业与贸易博物馆
河南省科技馆

李立

2009
洛阳博物馆
2010
费孝通江村纪念馆
2013
山东省美术馆
2014
阖闾城遗址博物馆
2015
盛泽文化中心
2016
中国丝绸博物馆
2017
贵州省美术馆
一战华人劳工纪念馆

任力之

1993
中国高科大厦（新天国际大厦）
1996
同济大学校门改建
1997
宁寿大厦（中国人寿大厦）
2000
浙江省公安指挥中心
东莞国际会展中心
2002
东莞图书馆
2003
上海哈瓦那大酒店
同济大学综合教学楼
上海滩花园
外滩十八号楼
2004

联合利华中国地区总部及研发中心
上海国际汽车博物馆
中石化宁波工程有限公司科研设计楼
2005
井冈山革命博物馆新馆
半岛酒店
2006
浦东世纪花园办公楼
2007
西北工业大学长安校区图书馆
援非盟会议中心
2008
上海中心
南亚风情第壹城
城投控股大厦
2010 年上海世博会西班牙馆
2010 年上海世博会法国馆
2009
2010 年上海世博会丹麦馆
2010
北京建筑大学新校区图书馆
2011
中国银行集团客服中心（西安）建设总体
    规划及设计项目
2012
苏州市东吴文化中心
东北大学浑南校区 - 信息科学大楼
七彩云南花之城
四川大学多学科交叉融合平台及艺术教育
    中心
七彩云南古滇王国文化旅游名城
古巴海明威新天大酒店
2013
2015 年米兰世博会中国企业联合馆
2014
环球西安中心一期
郑州二七新塔
2015
遵义市娄山关红军战斗遗址陈列馆
昆明滇池国际会展中心 4、5、6 号地块
启东市文化体育中心

曾群

1999
中国电信通信指挥中心、中国移动通信指
    挥中心工程
2000
钓鱼台国宾馆芳菲苑
2003
中国银联上海信息处理中心
2004
交通银行数据处理中心
中国银联项目
中国科学技术大学环境与资源楼
金城科技大厦
同济联合广场
2005

上海市公安局刑事侦查技术大楼
2006
上海浦东嘉里中心（A-04 地块项目）
同济大学电子信息学院
惠州市文化艺术中心、博物馆、科技馆
2007
上海国际设计中心
同济大学嘉定校区传播与艺术学院
兴业银行上海业务营运中心
太平人寿全国后援中心（一期）
江苏移动通信业务支撑中心
2008
上海世博会主题馆
上海世博会英国国家馆
中国民生银行总部基地
上海市银行卡产业园业务流程外包（BPO）
    孵化中心项目（一期、二期）
老西门发展项目
2009
中国工商银行（合肥）后台中心建设项目
赣州市人民医院新院建设工程
2010
中国建设银行合肥生产基地
广东发展银行南海金融服务中心
巴士一汽停车场改造
诺华制药上海园区项目
2011
中国人民银行征信中心建设项目（一期）
交通银行数据处理中心（上海）三期新建
    项目
研发中心工程（中国银联三期项目）
千岛湖嘉培乐酒店
国务院第二招待所改扩建工程
太原万国城 MOMA C 地块公寓及商业用房
    项目
2012
四牌楼联合大厦项目
半岛音乐厅半岛博物馆
长沙梅溪湖国际新城研发中心一期工程设计
交通银行金融服务中心（扬州）一期工程
上海棋院
地杰国际城
2013
国家电网客户服务中心北方基地一期
长沙国际会展中心
前滩国际商务区 25-01 号地块
2014
三亚凯悦酒店及配套公寓
前滩国际商务区 25-02 号地块
深圳北站东广场 D2 地块物业建筑设计
上海智慧岛数据产业园商业服务配套项目
湖南广播电视台节目生产基地及配套设施
    建设
广州印钞厂项目（中国印钞造币厂 526 工
    程项目）
浙江永康农村合作银行营业办公大楼
江苏省苏州实验中学
上海智慧岛数据产业园公共租赁房项目
郑州银行综合业务大楼

温州机场交通枢纽综合体工程
2015
长沙国际会展中心配套酒店
招商银行南昌分行南昌招银大厦项目设计
中国人民保险集团份股份有限公司北方信
　息中心项目
西安维盛天澄信息科技有限公司"北斗"、
　"天绘"系统应用产业园
郑州美术馆新馆建设工程项目、郑州档案
　史志馆项目设计
马家浜文化博物馆项目概念设计
无锡国际影视文化交流中心
广东（潭洲）国际会展中心
皖新文化科技创业中心
2016
杨浦区平凉社区 02I5-03 地块商办楼
嘉兴国际会展中心
兴业银行大厦
2017
威海国际经贸交流中心

原作（章明＋张姿）

1997
新天地"屋里厢博物馆"
2002
西湖南线景观建筑——林蔼漫步
青浦北菁园景观建筑——无间桥／两半间
2003
格致中学二期
2005
上海市第八中学东大楼教学综合楼
上海市大同初级中学教学综合楼
朱屺瞻艺术馆
2006
嘉定司法中心
北站社区文化活动中心
黄浦区第一中心小学
2010 上海世博会城市未来馆
青浦区建设合交通委员会办公楼
同济规划大厦
2007
无锡惠山展示中心
上海音乐学院实验学校
2008
上海会馆史陈列馆
武汉东湖会议中心
2009
济宁市任城科技中心
2010
温岭东部新区规划展示馆
范曾艺术馆
瑞安市城市展览馆及瑞祥公园景观设计
2011
晋中市城市规划展示馆
烟台开发区规划展览馆
南开大学新校区一期核心教学区
2012

上海当代艺术博物馆
雅安市游客服务中心
2013
咸阳市民文化中心
最佳时间去咖啡厅——星巴克特别店
千岛湖东部小镇集合设计
2014
温岭九龙湖生态湿地公园配套建筑
2015
荆门市市民中心及城市规划展览馆
荆门传媒中心
荆门三馆两州
上海延安中路 816 号严同春宅修缮及扩建
　项目（解放日报社总部）
上海市杨浦滨江公共空间
上海横沔老街规划及建筑概念设计
2016
上海青浦体育文化中心
上海复旦大学相辉堂改扩建工程
上海市黄浦区 130 地块城市设计研究
上海乌鲁木齐南路 178 号项目研究
上海杨浦区长白街区 228 街坊城市更新设
　计研究

童明

2002
苏州大学文正学院
2004
董氏义庄
2006
南京高新区国际俱乐部
路桥小公园地区改造
苏泉苑茶室
2012
周春芽艺术工作室
中山中路 98 号更新项目
2014
荷合院
船坞
韩天衡美术馆
中共四大纪念馆
2015
易思软件大厦
梓耘斋工作室

王方戟

2007
彩虹幼儿园
2008
嘉兴丽豪制衣厂改造
2009
武康路重点部位综合整治
永福路重点部位综合整治
复星大厦改造
2010

山雨村
2011
带带屋
大顺屋
2012
桂香小筑
2013
瑞昌石化办公楼
环轩
瓷堂（合作：曾群）
2015
第一上海中心改造（合作：庄慎）
1-2-1 亭（合作：庄慎）
2016
七园居
2017
课间酒店

庄慎

1999
淞沪抗战纪念馆
2002
同济大学中德学院
2004
东莞理工学院计算机系
2005
天寓住宅小区
2006
翰林府第住宅区
2008
青浦私营企业协会办公与接待中心
2009
昆明文明历史街区保护与更新
2010
嘉定马陆文化信息产业园 B4,B5 地块
2012
黎里改造
双栖斋
2013
莫干山蚕种场场地改造一期
嘉定博物馆
嘉定新城双丁路公立幼儿园
富春俱舍书院和走马楼改造
2014
衡山坊 8 号楼外立面改造
宛平南路 88 号 SVA 综合楼
2015
陈化成纪念馆移建改造
中国福利会嘉定新城幼儿园新建工程
港城广场展示中心
桦墅乡村工作室
2016
新天地临时读书空间
张江集电港扩建一期、四期
诸暨规划展示馆和科技馆
诸暨剧院易地新建工程

luminocity.cn

光 明 城

LUMINOCITY

"光明城"是同济大学出
版社城市、建筑、设计专
业出版品牌,由群岛工作
室负责策划及出版,致力
以更新的出版理念、更敏
锐的视角、更积极的态度,
回应今天中国城市、建筑
与设计领域的问题。

图书在版编目（CIP）数据

同济八骏：中生代的建筑实践 / 同济大学建筑与城
市规划学院编著 . -- 上海：同济大学出版社，2017.5
　ISBN 978-7-5608-6942-1

　Ⅰ . ①同… Ⅱ . ①同… Ⅲ . ①建筑设计 – 作品集 – 中
国 – 现代 Ⅳ . ① TU206

　中国版本图书馆 CIP 数据核字（2017）第 084636 号

同济八骏
中生代的建筑实践

同济大学建筑与城市规划学院　编著

出 版 人：华春荣
策　　划：秦蕾 / 群岛工作室
责任编辑：晁　艳
特约编辑：钱卓珺
组稿统筹：孙　乐
平面设计：张　微
责任校对：徐春莲
版　　次：2017 年 5 月第 1 版
印　　次：2017 年 5 月第 1 次印刷
印　　刷：上海丽佳制版印刷有限公司
开　　本：710mm×960mm　1/16
印　　张：18.5
字　　数：370 000
书　　号：ISBN 978-7-5608-6942-1
定　　价：188.00 元
出版发行：同济大学出版社
地　　址：上海市四平路 1239 号
邮政编码：200092
网　　址：http://www.tongjipress.com.cn
经　　销：全国各地新华书店